水污染控制工程实验

陈晓晴　查甫更　高良敏　主编

合肥工業大學出版社

图书在版编目(CIP)数据

水污染控制工程实验/陈晓晴，查甫更，高良敏主编．—合肥：合肥工业大学出版社，2023.10

ISBN 978-7-5650-5140-1

Ⅰ.①水…　Ⅱ.①陈…　②查…　③高…　Ⅲ.①水污染—污染控制—实验—高等学校—教材　Ⅳ.①X520.6-33

中国版本图书馆 CIP 数据核字(2021)第 190398 号

水污染控制工程实验

主　编　陈晓晴　查甫更　高良敏　　　　责任编辑　张择瑞

出　版	合肥工业大学出版社	版　次	2023 年 10 月第 1 版
地　址	合肥市屯溪路 193 号	印　次	2023 年 10 月第 1 次印刷
邮　编	230009	开　本	787 毫米×1092 毫米　1/16
电　话	理工图书出版中心：0551-62903204	印　张	9　　插　页　3.5
	营销与储运管理中心：0551-62903198	字　数	282 千字
网　址	press.hfut.edu.cn	印　刷	安徽联众印刷有限公司
E-mail	hfutpress@163.com	发　行	全国新华书店

ISBN 978-7-5650-5140-1　　　　定价：35.00 元

前　言

“水污染控制工程实验”是为“水污染控制工程”课程开设的一门实践性课程。通过实验使学生增强直接感观印象，提高学生动手、观察和分析能力，进一步掌握水污染控制的基本概念、基本原理和方法以及水污染控制实验的常用手段和基本操作技能，学会正确使用各种测试仪器和实验设备的方法；培养学生开展实验方案设计和组织实验的初步能力；培养学生进行水污染控制工程实验的基本技能；通过对实验现象的观察、解释和对实验数据的统计分析，巩固和加深对课堂所学基本理论的理解，提高学生的实践创新能力，培养学生分析问题和解决问题的能力，培养学生实事求是的学习态度和严肃认真的工作作风，为学生将来从事水污染控制工程设计、科研及技术管理等相关工作打下基础。

本书共分为5个部分：(1) 实验设计，主要介绍实验中使用的一些设计方法，包括单因素实验设计、双因素实验设计和正交实验设计；(2) 实验数据分析，对实验过程中误差的分析及数据的处理过程进行简述；(3) 实验室基本常识，包括实验过程水的分级、试剂与试液的区别、玻璃仪器的分类和清洗等内容；(4) 实验内容，共14个实验，包括混凝沉淀、自由沉淀、臭氧脱色、污泥比阻、离子交换、过滤与反冲洗、气浮、絮凝沉淀、曝气设备充氧能力的测定、活性炭吸附实验、活性污泥性能测定、工业废水可生化、膜分离、次氯酸钠消毒等；(5) 实验仪器设备的使用说明，简单介绍实验中所使用的仪器，包括激光粒度分析仪、电子天平、可见分光光度计、pH计、溶解氧分析仪、浊度仪和混凝沉淀实验装置等。考虑内容的完整性，有些实验项目的内容较多，所需时间比较长，可根据实验条件，合理取舍内容，顺利完成实验工作。

本书可作为高等院校环境科学与工程、给水排水科学与工程及其他相关专业的实验教材，也可供相关领域技术人员参考。

本书由安徽理工大学陈晓晴、高良敏、查甫更等老师参与编写。

由于编者水平有限，本书难免存在不足之处，恳请读者批评指正。

编　者

2021年6月

目　录

1 实验设计

实验是一种科学手段，即通过实验找出研究对象的变化规律，从而达到研究的目的。实验设计（experimental design）是以科学理论为基础，结合专业知识，通过实践经验，从而合理科学地制定实验方案并分析实验结果的一种科学实验方法。实验设计已成为制订实验方案和分析实验结果的一种必要手段。

实验设计常用的基本概念和术语有很多，现介绍几种比较常用的。实验指标，根据实验目的而选定以衡量实验效果的标准，一般是实验结果，用 y 表示，如水的浊度；实验因素，在一项实验中，对实验指标产生影响的条件，类似于数学中的自变量；为考虑实验因素对实验指标的影响程度，通常使实验因素处于不同的状态，即实验水平，它是指在一项实验中，实验因素变化的各种状态；交互作用，各因素联合起来对实验指标所起的作用。

在科学研究和生产过程中，实验设计方法已得到广泛应用，通常可以概括为 3 个方面：一是在生产过程中，选择有关因素的最佳点，一般通过实验来寻找；二是估算数学模型中的参数时，通过实验设计安排实验点、确定变量等，可以在较少的时间内获得较精确的参数；三是通过实验设计选择适当的模型。

在实验中，实验设计可以减少实验过程的盲目性，用最少的实验获得最多的实验信息，从而达到预期的实验目标。实验设计要遵循重复、随机化和区组化 3 个基本原则，一般包括 3 个部分：一是确定实验方案；二是实施方案，搜集与整理实验数据；三是对实验数据进行直接分析或数理统计分析。

实验设计的方法有很多，诸如单因素实验、双因素实验、部分析因实验、正交实验等，各种实验设计方法的侧重点不同，因此，根据研究对象的情况确定采用哪种实验设计方法。

1.1 单因素实验设计

单因素实验是指在实验过程中，根据已有的专业知识考察一种影响最大的因素对指标的影响，其他因素保持不变的一种实验。在单因素实验设计的过程中，一般考虑 3 个方面的内容：一是确定实验范围；二是确定评价指标；三是确定优选方法，科学地安排实验点。

优选法（optimum seeking method）是一种可以迅速找到最佳点的科学方法。根据生产和科研中的不同问题，利用数学原理，在尽量减少实验次数的基础上，合理安排实验点。优选法是从多种安排实验点的方法中选取一种最优方法，以科学地安排实验点。

优选法包括来回调试方法、黄金分割法（0.618 法）、斐波那契（Fibonacci）数列法（分数法）、对分法、分批实验法、爬山法和抛物线法等。黄金分割法、斐波那契数列法（分数法）和对分法这 3 种方法，适用于一次出一个实验结果，以较少的实验次数快速地找到最佳点。对分法是每做一个实验就可以缩小一半实验范围的方法，效果最好。分数法适用于实验点只能取整数或限制实验次数和精确度的情况，应用较广。分批实验法适用于一次实验可以得到很多实验结果的情况。爬山法的研究对象不适宜或不易大幅度调整。下面介绍黄金分割法、斐波那契数列法（分数法）、对分法和分批实验法。

1.1.1 黄金分割法

黄金分割法，如图 1-1 所示，是把一段线段分为两部分，使其中一部分对于全部之比等于另一部分对于该部分之比，这一比例为 $\omega=\frac{\sqrt{5}-1}{2}=0.6180339887\cdots$ 近似三位有效位数为 0.618，因此又称为 0.618 法。

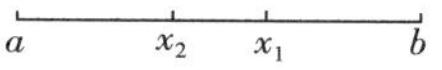

图 1-1 黄金分割法

设在区间内的指标有最佳值，则有界区间称为含优区间。黄金分割法就是在 x_1 处做一次实验，即

$$x_1=b-(b-a)\omega=a+(b-a)\omega^2 \tag{1-1}$$

得到 $y_1=f(x_1)$，然后在 x_1 的对称点 x_2 处做一次实验，即

$$x_2=b-(b-a)\omega=a+(b-a)\omega^2 \tag{1-2}$$

得到 $y_2=f(x_2)$，比较实验结果 $y_1=f(x_1)$ 和 $y_2=f(x_2)$ 的大小，如果 y_1 大于 y_2，则去掉 (a,x_2)，在留下的范围 (x_2,b) 中已有实验点 x_1，然后再用上述方法求出的对称点做实验。用这样的方法一直做到达到要求为止。

在黄金分割法中，不论做到哪一步，所有相互比较的两个实验点都在黄金分割点 0.618 和 0.382 处，这两个点一定是相互对称的。

1.1.2 斐波那契数列法（分数法）

斐波那契数列可表示为 $F_0=1$，$F_1=1$，$F_n=F_{n-1}+F_{n-2}$（$n\geqslant 2$），即 1，1，2，3，5，8，13，21，34，55，89，144，…

斐波那契数列一般表达式是

$$F_n=\frac{1}{\sqrt{5}}\left[\left(\frac{1+\sqrt{5}}{2}\right)^{n+1}-\left(\frac{1-\sqrt{5}}{2}\right)^{n+1}\right]\ (n=0,\ 1,\ 2,\ \cdots) \tag{1-3}$$

可以得出

$$\lim_{n\to\infty}\frac{F_n}{F_{n+1}}=\frac{\sqrt{5}-1}{2}=0.618\ (n\ 为实验次数) \tag{1-4}$$

0.6180339887…可以近似地用分数$\frac{F_n}{F_{n+1}}$来表示，即

$$\frac{3}{5},\ \frac{5}{8},\ \frac{8}{13},\ \frac{13}{21},\ \frac{21}{34},\ \frac{34}{55},\ \frac{55}{89},\ \frac{89}{144},\ \frac{144}{233},\ \cdots$$

因此，分数法适用于实验点只能取整数的情况，分数法实验点位置与精确度见表 1-1 所列。

表 1-1 分数法实验点位置与精确度

实验次数	等分实验范围的份数	第一次实验点的位置	精密度
2	3	2/3，1/3	1/3
3	5	3/5，2/5	1/5
4	8	5/8，3/8	1/8
5	13	8/13，5/13	1/13
6	21	13/21，8/21	1/21
7	34	21/34，13/34	1/34
8	55	34/55，21/55	1/55
⋮	⋮	⋮	⋮
n	F_{n+1}	$\frac{F_n}{F_{n+1}}$，$\frac{F_{n-1}}{F_{n+1}}$	$\frac{1}{F_{n+1}}$

分数法各实验点的位置，可用下列公式求得：

$$第一个实验点=(大数-小数)\times\frac{F_n}{F_{n+1}}+小数 \tag{1-5}$$

$$新实验点=(大数-中数)+小数 \tag{1-6}$$

式(1-6)中，中数为已实验的实验点数值。

【例 1-1】 某污水厂准备投加聚合氯化铁改善污泥的脱水性能，初步调查，投药量在 170 mg/L 以下，要求通过 5 次加药确定最佳投药量。

(1) 根据式(1-5)可得第一个实验点位置：

$$(170-0)\times\frac{8}{13}+0\approx105\ (\text{mg/L})$$

(2) 根据式(1-6)可得第二个实验点位置：

$$(170-105)+0=65\ (\text{mg/L})$$

(3) 假设第一个点比第二个点好，因此在 65 mg/L 至 170 mg/L 之间找第三个点，舍弃 0～65 mg/L 这一段，即

$$(170-105)+65=130\ (\text{mg/L})$$

（4）如果第三个点和第一个点结果一样，这时可以用对分法进行第四次实验，即

$$\frac{(105+130)}{2}=117.5\ (\text{mg/L})$$

在此处进行实验得到的效果最好。

1.1.3 对分法

前面介绍的两种方法均先做两个实验，再进行比较，从而找出下一个实验范围，最后找出最佳点。但不是所有的实验都要先做两个实验，有些情况下只要做一个实验即可将实验范围缩小。例如，称量质量为30～70 g的某种样品时，第一次50 g质量的砝码小了，可判断物品为50～70 g，第二次60 g质量的砝码又重了，可判断物品为50～60 g,接下来所找砝码的质量为55 g，以此类推，直到天平平衡。

以上称量过程用到了对分法，每个实验点的位置在实验区间的中点，每做一次实验，区间就缩短一半。但并不是所有问题都可以用对分法，使用对分法要具备两个条件，一是要有一个标准：天平平衡；二是要知道该因素对指标的影响规律，如天平倾斜的方向即砝码质量大的一侧。

对分法就是在优选区间的中点安排实验，根据中点的实验结果确定新含优区间的中点，再进行实验，以此反复直到达到实验要求。

1.1.4 分批实验法

黄金分割法和对分法均根据前面的实验结果安排后续的实验，称这种安排实验的方法为序贯实验法。它的优点是总实验次数较少，其缺点是实验周期累加可能需要很长时间。

相比于序贯实验法，采用分批实验法，一批可以同时安排几个实验。这样可以兼顾实验设备、代价和时间上的要求。

分批实验法可分为均分法和比例分割法两种。

1. 均分法

均分法是在实验范围内对每批实验进行均匀地安排。例如，每一批做4个实验，在（a，b）范围内均匀分为5份，分别在x_1，x_2，x_3，x_4做4个实验，如图1-2所示。然后比较4个结果，如果x_2好，则去掉小于x_1和大于x_3的部分，然后在(x_1，x_3)范围内再均匀分成6份，在没有做过的4个分点上再做4个实验，这样一直实验下去就能获得最佳点。采用这种方法，第一批实验后能缩小为总范围的2/5，之后每批实验后都缩小为前一范围的1/3。

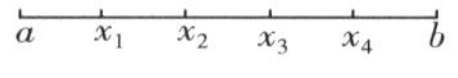

图1-2 均分法示意图

2. 比例分割法

比例分割法是在实验范围内将实验点按比例布置。当每批做偶数个实验时，可采用均分法安排实验；当每批做奇数个实验时，可采用以下方法：

设每批做$2n+1$个实验，首先把含优区间分为$2n+2$份，并使其相邻两段长度分别为a和$b(a>b)$，如图1-3所示。

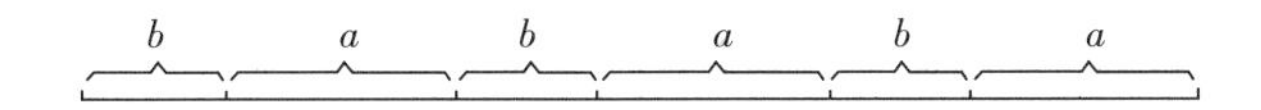

图 1-3 比例分割法第一批实验点示意图(实验次数为奇数时)

第一批实验安排在 $2n+1$ 个分点上。根据第一批实验结果，在好点左右分别留下一个 a 区和 b 区。然后把新含优区间 $a+b$ 中的 a 段分成 $2n+2$ 份，使相邻两段为 a_1 和 $b_1(a_1>b_1)$，并使 $a_1=b$，令

$$\frac{b}{a}=\frac{b_1}{a_1}=\lambda \tag{1-7}$$

可推得

$$\lambda=\frac{1}{2}\left(-1+\sqrt{\frac{n+5}{n+1}}\right) \tag{1-8}$$

则

$$b=\lambda a \tag{1-9}$$

式中，λ 可由式(1-8)根据每批实验次数求出。例如，若每批做 3 个实验，则 $n=1$，由式(1-8)，$\lambda\approx 0.366$；若每批做 5 个实验，则 $n=2$，$\lambda\approx 0.264$。

用上述方法安排实验，一直进行下去，直到得到满意结果，如图 1-4 所示。

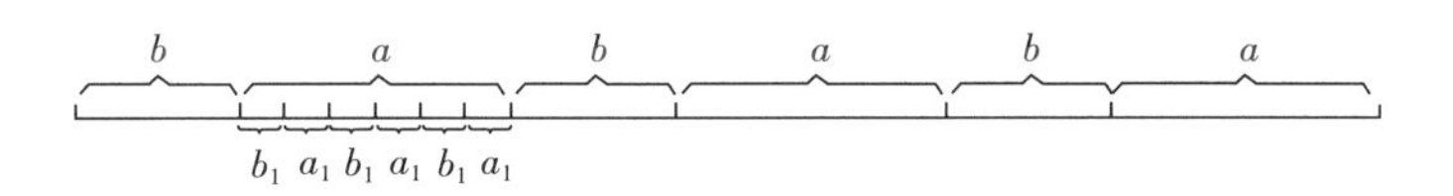

图 1-4 比例分割法第二批实验点示意图(实验次数为奇数时)

1.2 双因素实验设计

双因素实验设计通常通过降维法将两个因素变成一个因素，固定一个因素，做另一个因素实验的方法。

1.2.1 旋升法

旋升法又称从好点出发法，此方法的特点是固定一个因素，用单因素实验方法找出另一个因素的最佳点。

例如，用横坐标代表因素 x，用纵坐标代表因素 y，取因素 x 实验范围内的中点 x_1，通过单因素实验设计对因素 y 进行实验，得 $P_1(x_1, y_1)$ 为最大值。

在因素 y 内取 y_1 为最佳点，通过单因素实验设计得出 $P_2(x_2, y_1)$ 为最大值，此时 $x_2<x_1$，因此 P_2 比 P_1 好，这样可以去掉大于 x_1 的部分，如果 $x_2>x_1$，则去掉小于 x_1 的部分。

在缩小的实验范围内，从 P_2 点出发，在因素 x 内取 x_2 为最佳点，采用单因素实验方法得出 $P_3(x_2, y_2)$ 为最大值，因此去掉不包含 P_3 的部分范围，如此进行下去，直到找出最佳的值。旋升法示意如图 1-5 所示。

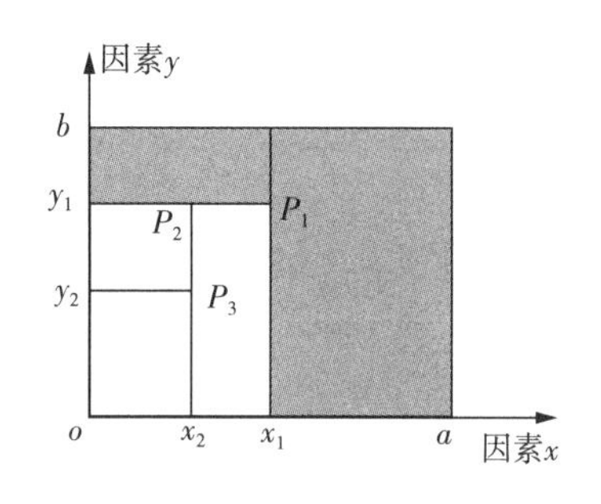

图 1-5 旋升法示意图

1.2.2 平行线法

对于双因素中的因素 x 和因素 y，如果其中一个因素不易改变，这时宜采用平行线法。

假设因素 y 不易调整，把 y 在实验范围内固定 0.618 处，过该点作平行于 x 轴的直线，并用单因素实验方法找出另一因素 x 的最大值 P_1。

再把因素 y 固定在 0.382 处，用单因素实验方法找出因素 x 的最大值 P_2。比较 P_1 和 P_2，若 P_1 比 P_2 好，则沿直线 $y=0.382$ 将下面的部分去掉。在剩下的范围内固定因素在 $y=0.813$，用单因素实验方法找出因素 x 的最大值 P_3。若 P_1 比 P_3 好，则可将直线 $y=0.813$ 以上的部分去掉。可以按照这样方法一直做下去，直到找出满意的结果。平行线法示意图如图 1-6 所示。

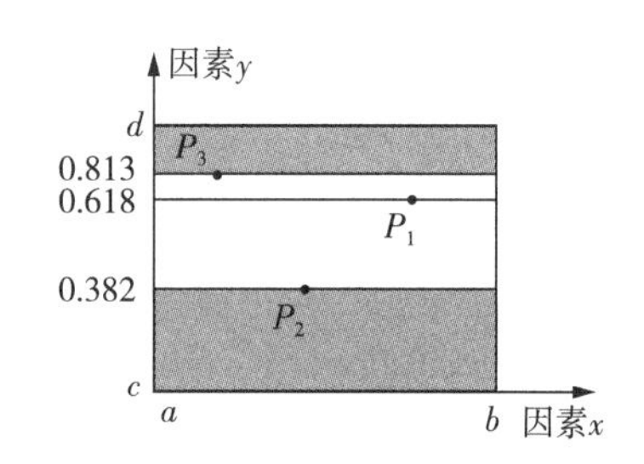

图 1-6 平行线法示意图

例如，混凝效果与混凝剂的投加量、pH 值、水流速度梯度 3 种因素有关，根据经验分析，主要的影响因素是混凝剂的投加量和 pH 值，因此可以根据经验把水流速度梯度固定在某一水平上，然后用双因素实验设计法选择实验点进行实验。

1.3 正交实验设计

在工业生产和科学研究的过程中，遇到的问题一般比较复杂，需要考虑多个因素，而且各个因素有不同的状态，如果对每个因素的不同状态都进行实验，那么实验数量是惊人的。例如，对某城市进行氧化塘处理效率实验，经过分析研究决定考察 3 个因素(温度、进水 BOD_5、水力停留时间)，对于每个因素又考虑 4 种不同的状态(如温度为 3 ℃，15 ℃，20 ℃，25 ℃)，可能的组合有 $3^4=81$ 种，通过 81 次实验才能得到最佳的组合，这要花费大量的人力、物力。如果采用正交实验设计来安排实验，不仅可以大大减少实验次数，也降低了统计分析的计算量。

1.3.1 基本概念

正交实验设计是通过正交表科学地解决多因素问题的一种数学方法，简称正交设计。

水平是指因素变化的不同状态。因素在不同的水平下，可能会使指标发生相应的变化。例如，在进行氧化塘实验中，要考察 3 个因素，即温度、进水 BOD_5、水力停留时间，其中，3 ℃，15 ℃，20 ℃，25 ℃ 就是所做实验温度因素的 4 个水平。因素水平有的可以用数量表示(如温度)，有的则不能量化，凡是不能用水平的数量表示的因素，称之为定性因素。

正交实验设计需要使用正交表，正交表是利用正交原理设计的，它是安排实验和对实验结果进行分析的一种工具。

正交表一般用以下符号表示：

$$L_n(r^m)$$

其中：L—— 正交表代号；

n—— 正交表中行的数目(需要做的实验次数)；

r—— 因素的水平数；

m—— 正交表中列的数目(最多能安排的因素数)。

在行数为 r^m 型的正交表中，实验行数 $=\sum_{列}$(每列水平数 $-1)+1$。

例如，正交表 $L_4(2^3)$，$L_9(3^4)$ 见表 1-2 和表 1-3 所列。

表 1-2 正交表 $L_4(2^3)$

实验号	列号		
	1	2	3
1	1	1	1
2	1	2	2
3	2	1	2
4	2	2	1

表 1-3 正交表 $L_9(3^4)$

实验号	列号			
	1	2	3	4
1	1	1	1	1
2	1	2	2	2
3	1	3	3	3
4	2	1	2	3
5	2	2	3	1
6	2	3	1	2
7	3	1	3	2
8	3	2	1	3
9	3	3	2	1

r^m 型正交表有两个特点：一是每一列中不同数字出现的次数一样多；二是任意两列所构成的各有序数对出现的次数都一样多。

如果在实验设计中被考察的各个因素水平不同，应该采用混合型正交表，它的表示方式有所不同，即

$$L_n(a^m \times b^n)$$

其中：a^m—— 有 m 个因素是 a 水平的；

b^n—— 有 n 个因素是 b 水平的。

在非 r^m 型的正交表中，实验行数 $\geqslant \sum\limits_{列}$(每列水平数 $-1) + 1$。

例如，正交表 $L_8(4^1 \times 2^4)$，也可简写为 $L_8(4 \times 2^4)$，见表 1 - 4 所列。

表 1 - 4　正交表 L_8 $(4^1 \times 2^4)$

实验号	列号				
	1	2	3	4	5
1	1	1	1	1	1
2	1	2	2	2	2
3	2	1	1	2	2
4	2	2	2	1	1
5	3	1	2	1	2
6	3	2	1	2	1
7	4	1	2	2	1
8	4	2	1	1	2

非 r^m 型正交表有两个特点：一是每一列中不同数字出现的次数一样多；二是每两列，对于各种不同的水平，同行两个数字组成搭配出现的次数是相同的，但表中任何两列间所组成的水平搭配种类及出现次数是不完全相同的。

1.3.2　正交设计法安排多因素实验的步骤

现根据一个例题来介绍正交设计法安排多因素实验的步骤。

【例 1 - 2】　对某城市进行氧化塘实验，经研究分析后决定通过实验考察温度、进水 BOD_5、水力停留时间 3 个因素考察该城市氧化塘处理效率。

(1) 明确实验目的

在本例中，做实验的目的是考察氧化塘的处理效率。

(2) 挑选因素选水平，列出因素水平表

影响氧化塘处理效率的因素有很多，但不是对每个因素都要进行考察，在本实验中选定温度、进水 BOD_5、水力停留时间 3 个因素。可以根据现场的情况对各个因素设置不同的水平，在本实验中每个因素设置 4 个水平，3 个因素的水平见表 1 - 5 所列。

表 1-5 因素水平表

水平	因素		
	温度（℃）	进水 BOD_5 浓度（mg/L）	停留时间（d）
1	3	100	7
2	15	150	15
3	20	200	20
4	25	250	30

（3）确定评价指标

在本实验中，将确定处理效率作为评价指标。

（4）选出正交表

常用的正交表有很多，需要根据因素和水平的多少、工作量的大小和实验的条件决定使用哪个正交表。根据实验目的，选 3 个因素，对于每个因素取 4 个水平，则需用正交表 L_{16}（4^5），一共需要做 16 次实验。也可以根据实际情况减少每个因素的水平数，如果每个因素取 3 个水平，则可选用 L_9（3^4）。

本例题选用正交表 L_{16}（4^5），见表 1-6 所列。

表 1-6 正交表 L_{16}（4^5）

实验号	列号				
	1	2	3	4	5
1	1	1	1	1	1
2	1	2	2	2	2
3	1	3	3	3	3
4	1	4	4	4	4
5	2	1	2	3	4
6	2	2	1	4	3
7	2	3	4	1	2
8	2	4	3	2	1
9	3	1	3	4	2
10	3	2	4	3	1
11	3	3	1	2	4
12	3	4	2	1	3
13	4	1	4	2	3
14	4	2	3	1	4
15	4	3	2	4	1
16	4	4	1	3	2

(5) 确定实验方案

根据上述选定的正交表，结合实际因素和水平，对号入座。可以得出正交实验方案表，见表 1-7 所列。

表 1-7 L_{16} (4^5) 正交实验方案表

实验号	列号				
	温度（℃）	进水 BOD_5 浓度（mg/L）	停留时间（d）		
1	3	100	7	1	1
2	3	150	15	2	2
3	3	200	20	3	3
4	3	250	30	4	4
5	15	100	15	3	4
6	15	150	7	4	3
7	15	200	30	1	2
8	15	250	20	2	1
9	20	100	20	4	2
10	20	150	30	3	1
11	20	200	7	2	4
12	20	250	15	1	3
13	25	100	30	2	3
14	25	150	20	1	4
15	25	200	15	4	1
16	25	250	7	3	2

根据上述表格进行实验，本次共需要做 16 次实验，每次实验为一横行，空白列可以忽略，可以采用抽签随机的方式决定先做哪个实验号，以防实验顺序对结果产生影响。如第一次实验做实验号 8：温度 15 ℃；进水 BOD_5 浓度250 mg/L；停留时间为 20 d。

1.3.3 实验结果的分析——直观分析法

实验设计除设计方案外，还有一个重要的组成部分是通过分析实验数据得出正确的结论。数据分析要解决两个问题：一是解决因素影响大小的问题，分清影响因素的主次；二是通过各种实验得出一个满意的结果，找到最佳的组合方式。分析的实验结果方法通常有两种：直观分析法和方差分析法。本节选用直观分析法对上述实验结果进行分析。

1. 填写评价指标

通过实验数据，得出氧化塘的处理效率，并根据相应公式计算相应的算术平均值，填入表格。

注：处理效率参考相关研究给出，不能用于科学研究。

2. 计算各列的 K_i，$\overline{K}_i$ 和 R，并填入表中

$$K_i（第 m 列）=第 m 列中数字与“i”对应的指标值之和$$

$$\overline{K}_i（第 m 列）=\frac{K_i（第 m 列）}{第 m 列中“i”水平的重复次数}$$

$$R（第 m 列）=第 m 列的 \overline{K}_1，\overline{K}_2，\cdots 中最大值减去最小值之差$$

R 称为极差。极差是衡量数据波动大小的重要指标，极差越大，因素越重要。

例如，计算温度这一列各水平的 K 值：

$$K_3=0.50+0.53+0.55+0.50=2.08$$

$$K_{15}=0.60+0.55+0.60+0.65=2.40$$

$$K_{20}=0.68+0.65+0.55+0.60=2.48$$

$$K_{25}=0.70+0.71+0.75+0.69=2.85$$

$$\overline{K}_3=\frac{2.08}{4}=0.52$$

$$\overline{K}_{15}=\frac{2.40}{4}=0.60$$

$$\overline{K}_{20}=\frac{2.48}{4}=0.62$$

$$\overline{K}_{25}=\frac{2.85}{4}\approx 0.71$$

$$R_1=0.71-0.52=0.19$$

依次计算剩余的列，结果见表 1-8 所列。

表 1-8 氧化塘处理效率实验结果分析

实验号	因素（列号）					
	温度（℃）	进水 BOD_5 浓度（mg/L）	停留时间（d）			处理效率
1	3（1）	100（1）	7（1）	1	1	0.50
2	3（1）	150（2）	15（2）	2	2	0.53
3	3（1）	200（3）	20（3）	3	3	0.55
4	3（1）	250（4）	30（4）	4	4	0.50
5	15（2）	100（1）	15（2）	3	4	0.60
6	15（2）	150（2）	7（1）	4	3	0.55
7	15（2）	200（3）	30（4）	1	2	0.60

（续表）

实验号	因素（列号）					
	温度（℃）	进水 BOD_5 浓度（mg/L）	停留时间（d）			处理效率
8	15（2）	250（4）	20（3）	2	1	0.65
9	20（3）	100（1）	20（3）	4	2	0.68
10	20（3）	150（2）	30（4）	3	1	0.65
11	20（3）	200（3）	7（1）	2	4	0.55
12	20（3）	250（4）	15（2）	1	3	0.60
13	25（4）	100（1）	30（4）	2	3	0.70
14	25（4）	150（2）	20（3）	1	4	0.71
15	25（4）	200（3）	15（2）	4	1	0.75
16	25（4）	250（4）	7（1）	3	2	0.69
K_1	2.08	2.48	2.29	2.41	2.55	—
K_2	2.4	2.44	2.48	2.43	2.50	—
K_3	2.48	2.50	2.59	2.49	2.40	—
K_4	2.85	2.44	2.45	2.48	2.36	—
$\bar{K}_1$	0.52	0.62	0.57	0.60	0.64	—
$\bar{K}_2$	0.6	0.61	0.62	0.75	0.63	—
$\bar{K}_3$	0.62	0.63	0.65	0.62	0.60	—
$\bar{K}_4$	0.71	0.61	0.61	0.62	0.59	—
R	0.19	0.01	0.08	0.15	0.05	—

3. 成果分析

比较表 1-8 中极差的大小，影响氧化塘处理效率的因素由主到次依次是温度、停留时间、进水 BOD_5。

由各因素水平的均值可以看出，各因素较好的条件是温度 25 ℃；进水 BOD_5 浓度 200 mg/L；停留时间 20 d。

2 实验数据分析

2.1 误差分析

在实验过程中通常采用不同手段和设备来测定数据，由于实验仪器和实验人员技术水平等原因，得到的数据与真实值有一定的偏差，这一偏差就是需要研究的误差。随着实验仪器的先进和实验人员技术水平的提高，误差会越来越小，但仍然存在。通过误差研究，不仅能进一步了解实验结果的可靠度，帮助实验人员选择、改进实验方法和测试手段等，还能使实验数据在一定条件下更接近真实值，从而提高实验人员的研究水平。

2.1.1 基本概念

1. 真值

真值指在某个时刻和某个状态下测量对象的实际值和客观值。真实值在一些情况下是未知的，但在某些特定情况下是已知的。理论真值，如平面三角形内角和为180°；指定真值，如国内或国际标准值；相对真值，如标准样品与普通样品的测量值。

2. 平均值

在科学实验中，实验误差在所难免，有时平均值可以反映实验值在一定条件下的一般水平，因此经常将多次平均值作为真值的近似值。平均值大致分为以下几种。

(1) 算术平均值 ($\bar{x}$)

在同样条件下，若实验值服从正态分布，则算术平均值的可信度高，为最佳值。

$$\bar{x} = \frac{x_1 + x_2 + \cdots + x_2}{n} = \frac{\sum_{i=1}^{n} x_i}{n} \tag{2-1}$$

式中：x_i—— 单个实验值，共 n 个实验值。

(2) 加权平均值($\bar{x}_w$)

若某组实验值是用不同方法或由不同实验人员获得的，为了获得可靠性高的数值，可以采用加权平均值。

$$\bar{x}_w = \frac{w_1 x_1 + w_2 x_2 + \cdots + w_n x_n}{w_1 + w_2 + \cdots + w_n} = \frac{\sum_{i=1}^{n} w_i x_i}{\sum_{i=1}^{n} w_i} \tag{2-2}$$

其中，x_i 表示单个实验值，w_1，w_2，…，w_n 代表单个实验值对应的权。权值可以是整数、分数、小数，它的确定可以根据实验者的经验，也可以根据 x_i 出现的频率，还可以根据权与绝对误差的平方成反比来确定。

(3) 对数平均值($\bar{x}_L$)

若实验值分布曲线有对数特性，则使用对数平均值。假设两个数值 x_1，x_2 均为正数，对数平均值按式(2－3)计算。若$\frac{1}{2} \leqslant \frac{x_1}{x_2} \leqslant 2$，可用算术平均值代替对数平均值，且相对误差小于等于 4.4%。

$$\bar{x}_L = \frac{x_1 - x_2}{\ln x_1 - \ln x_2} = \frac{x_1 - x_2}{\ln \frac{x_1}{x_2}} = \frac{x_2 - x_1}{\ln \frac{x_2}{x_1}} \tag{2-3}$$

(4) 几何平均值($\bar{x}_G$)

设 n 个实验值，x_1，x_2，…，x_n 为真值，则几何平均值为

$$\bar{x}_G = \sqrt[n]{x_1 x_2 \cdots x_n}$$

对两边取对数：

$$\lg \bar{x}_G = \frac{\sum_{i=1}^{n} \lg x_i}{n} \tag{2-4}$$

2.1.2 误差来源和分类

根据性质和产生的原因，可将误差分为 3 类：

1. *系统误差*

系统误差是指测定中未发现或未确认的某种固定因素引起的误差。它具有方向性，如方向、大小有一定的规律性。产生系统误差的原因包括实验方法引起的误差、测试仪器本身引起的误差、试剂纯度引起的误差和实验人员操作不当引起的误差。

2. *偶然误差*

偶然误差又称随机误差，是由某些无法控制或避免的偶然因素造成的误差。它不具有方向性，方向和大小没有规律性，如操作环境中的温湿度、灰尘等原因可以引起偶然误差。这种误差可以通过多次测量、取平均值来削弱，在消除系统误差的前提下，多次测定数据的平均值更接近于真实值。

3. *过失误差*

过失误差是由于操作者本身在操作过程中未按规定要求导致实验数值偏差大，因此这个误差不属于偶然误差，可以在实验中避免。在实验过程中应该谨慎小心，严格

按照操作步骤进行实验，养成良好的工作习惯。

2.1.3 误差的表示方法

1. 准确度及误差的表示方法

准确度是指实验测量值与真实值之间相符合的程度。准确度的高低一般用误差大小来衡量。误差一般有两种表示方法：绝对误差(E) 和相对误差(RE 或 $E\%$)。

用 x 代表测量值，T 代表真实值，则

$$E = x - T \tag{2-5}$$

$$RE \text{ 或 } E\% = \frac{x - T}{T} \times 100\% \tag{2-6}$$

有时因测量值比真实值大，误差为正值，反之为负值。误差越小，真实值与测量值越接近，准确度越高。相对误差表示误差在测定结果中所占的百分数，实际意义比较大。

对于多次测量，可以用算术平均值($\bar{x}$) 计算准确度：

$$E = \bar{x} - T = \frac{\sum_{i=1}^{n} x_i}{n} - T \tag{2-7}$$

$$RE \text{ 或 } E\% = \frac{E}{T} \times 100\% = \frac{\bar{x} - T}{T} \times 100\% \tag{2-8}$$

2. 精密度与偏差

精密度是指在相同的条件下，多次重复实验测定后的结果，结果之间相符合的程度。精密度一般用偏差的大小来表示。偏差大表明精密度低，偏差小则表明精密度高。精密度一般用以下几种偏差来表示，如绝对偏差、相对偏差、平均偏差、相对平均偏差、极差、公差等。

(1) 绝对偏差(d) 和相对偏差($d\%$)

绝对偏差(d) 和相对偏差($d\%$) 为单次测定结果对平均值的偏离程度，偏差有正有负。

$$d = x - \bar{x} \tag{2-9}$$

$$d\% = \frac{d}{\bar{x}} \times 100\% = \frac{x - \bar{x}}{\bar{x}} \times 100\% \tag{2-10}$$

(2) 平均偏差($\bar{d}$) 和相对平均偏差($\bar{d}\%$)

对于多次测定数据一般常用平均偏差($\bar{d}$) 来表示。平均偏差指单次测量值和平均值的偏差取绝对值之和，再除以实验次数，一般没有正负之分。

$$\bar{d} = \frac{\sum_{i=1}^{n} |x_i - \bar{x}|}{n} = \frac{\sum_{i=1}^{n} |d_i|}{n} \tag{2-11}$$

$$\bar{d}\% = \frac{\bar{d}}{\bar{x}_i} \times 100\% = \frac{\sum_{i=1}^{n} |d_i|}{n\bar{x}} \times 100\% \tag{2-12}$$

(3) 极差(R)与相对极差($R\%$)

极差也称全距，表示偏差的范围。用极差来表示数据精密度不够贴切，因其计算简单，常用于食品分析。

$$R = x_{\max} - x_{\min} \tag{2-13}$$

$$R\% = \frac{R}{\bar{x}} \times 100\% \tag{2-14}$$

(4) 标准偏差(S)与相对标准偏差(CV)

标准偏差反映测定数据之间的离散特性，当实验测定次数有限时，它能充分引用全部数据的信息，更灵敏地反映出较大偏差的存在；对于无限次数测定的实验，通常使用总体标准偏差(σ)。

$$S = \sqrt{\frac{\sum_{i=1}^{n}(x_i - \bar{x})^2}{n-1}} = \sqrt{\frac{\sum_{i=1}^{n} d_i^2}{n-1}} = \sqrt{\frac{\sum_{i=1}^{n}(x_i - \bar{x})^2}{f}} \tag{2-15}$$

其中，$n-1$ 为自由度，常用 f 表示；x_i 为观测值；$\bar{x}$ 为全部观测值的平均值；n 为观测次数。

$$\sigma = \sqrt{\frac{\sum_{i=1}^{n}(x_i - \bar{x})^2}{n}} \tag{2-16}$$

相对标准偏差又称变异系数，其计算公式为

$$CV = \frac{S}{\bar{x}} \times 100\% \tag{2-17}$$

3. 准确度与精密度的关系

准确度和精密度是两个不同的概念，它们之间存在一些关系，现举例说明。

【例 2-1】 现有三组各分析四次结果的数据见表 2-1 所列，并绘制成如图 2-1 所示的图（标准值为 0.31）。

表 2-1 分析结果的数据

	一	二	三	四	平均值
第一组	0.20	0.20	0.18	0.17	0.19
第二组	0.40	0.30	0.25	0.23	0.30
第三组	0.36	0.35	0.34	0.33	0.35

由图 2-1 可知，第一组测定的结果：精密度很高，但平均值与标准值相差很大，说明准确度很低。第二组测定的结果：精密度不高，测定数据较分散，虽然平均值接近标

准值，但这是凑巧得来的，若只取2次或3次实验结果来平均，则结果与标准值相差较大。第三组测定的结果：测定的数据较集中并接近标准数据，说明其精密度与准确度都较高。由此可见，欲使准确度高，首先必须要求精密度高。但精密度高并不说明其准确度也高，因为在测定过程中可能存在系统误差，因此精密度是保证准确度的先决条件。

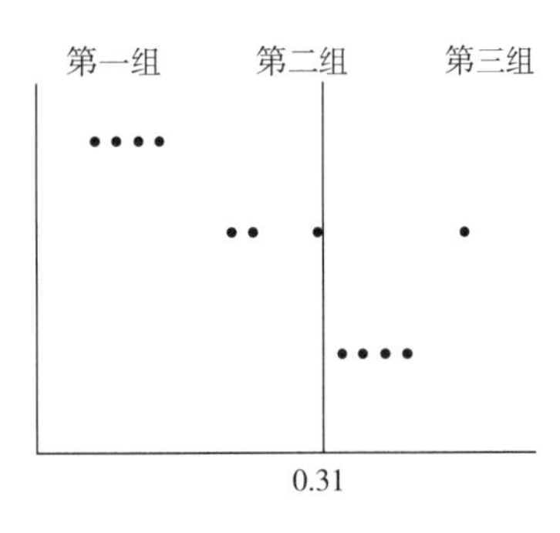

图2-1　准确度与精密度

2.1.4　数字位数

1. 数字位数的使用

在实验中会出现误差，数字的位数一是表示数字的大小，二是反映测定结果的准确性。位数的多少用“有效数字”来表示，可以根据分析方法和仪器准确度来决定有效数字保留的位数，一般对测量得出的数据，只允许保留一位可疑数据。

对于滴定管，规格一般有50 mL，25 mL，10 mL和5 mL，对于体积大于10 mL的测定结果应保留4位数字，如写成20.56 mL；对于小于10 mL的，记录为3位数字，如9.15 mL。当用250 mL容量瓶配制溶液时，则所配制溶液的体积应记录为250.0 mL。当用50 mL容量瓶配制溶液时，则应记为50.00 mL。

对于分析天平，如9.53 g是3位有效数字，则表明天平误差为±0.01 g；如10.5620 g是6位数字，则表明天平误差为±0.0001 g。

数字的位数反映了测量的相对误差。例如，称量某固体样品的质量为0.5620 g，其相对误差为0.02%；如果去掉一位数字，称量的质量为0.562 g，其相对误差为0.18%。说明前面的准确度比后面高10倍，因此不能随意删除小数位的最后一位。

数字位数与量的使用单位无关。

2. 数字修约规则

为了适应科学技术与生产活动的需要，各种标准或其他技术规范的编写对测试结果进行规范化处理，我国2008年颁布了《数值修约规则与极限数值的表示和判定》（GB/T 8170—2008），通常称为“四舍六入五单双”法则。概括说明如下：

四舍六入五考虑，五后非零必进一。五后皆零视奇偶，五前为偶应舍去，五前为奇则进一。

这一法则的具体运用如下：

(1) 若拟舍弃数字的最左一位数字小于5，则舍去，保留其余各位数字不变。例如，将12.1498修约到个位数，得12；将12.1498修约到一位小数，得12.1。

(2) 若拟舍弃数字的最左一位数字大于5，则进一，即保留数字的末位数字加1。例如，将1268修约到“百”数位，得13×10^2（特定场合可写成1300），这里的“特殊场合”系指修约间隔明确时。

(3) 若拟舍弃数字的最左一位数字是5，且其后有非0数字时进一，即保留数字的末位数字加1。例如，将10.5002修约到个位数，得11。

(4) 当拟舍弃数字得最左一位数字为5，且其后无数字或皆为0时，若所保留的末位数字为奇数（1，3，5，7，9）则进一，即保留数字的末位数字加1；若所保留的末位数字为偶数（0，2，4，6，8），则舍去。例如，修约间隔为0.1（或10^{-1}），1.050修约为10×10^{-1}（特定场合可写成为1.0）；0.35修约为4×10^{-1}（特定场合可写成为0.4）。修约间隔为1000（或10^{3}），2500修约为2×10^{3}（特定场合可写成为2000）；3500修约为4×10^{3}（特定场合可写成为4000）。

（5）当对负数修约时，先将它的绝对值按上述的规定进行修约，然后在所得值前面加上负号。例如，将－355修约到“十”位数为-36×10（特定场合可写为－360）；将－0.0365修约到3位小数，即修约间隔为10^{-3}，修约为-36×10^{-3}（特定场合可写为－0.036）。

（6）拟修约数字应在确定修约间隔或指定修约数位后一次性修约获得结果，不允许连续修约。例如，修约97.46，修约间隔为1，97.46→97（正确），而97.46→97.5→98（错误）。

（7）在对数值进行修约时，若有必要，也可采用0.5单位修约或0.2单位修约。

0.5单位修约是指按指定修约间隔对拟修约的数值0.5单位进行的修约。0.5单位修约方法：将拟修约数值X乘以2，按指定修约间隔对$2X$依（1）～（5）的规则修约，所得数值（$2X$修约值）再除以2，如60.25→120.50→120→60.0。

0.2单位修约是指按指定修约间隔对拟修约的数值0.2单位进行的修约。0.2单位修约方法：将拟修约数值X乘以5，按指定修约间隔对$5X$依（1）～（5）的规则修约，所得数值（$5X$修约值）再除以5，如830→4150→4200→840。

3. 数字的运算规则

（1）加减法

在加减运算中，保留数字的位数，以小数点后位数最少（绝对误差最大）的为准。

【例2-2】 计算0.01211＋20.64＋1.05782。

解：正确计算：

$$原式=0.01+20.64+1.06=21.71$$

不正确计算：

$$原式=0.0121+20.64+1.05782=21.70992$$

为了稳妥，可在修约时多保留一位，算后再修约一次，如0.0121＋20.64＋1.05782＝21.709修约为21.71。

（2）乘除法

在乘除运算中，保留有效数字的位数，以相对误差最大的数（绝对误差最大）为准。

【例2-3】 计算0.0121×25.64×1.05782。

解：

$$0.0121\times25.6\times1.06\approx0.328$$

在此题中，3个数字的相对误差分别为

$$相对误差=\frac{\pm 0.0001}{0.0121}\times 100\%=\pm 0.8\%$$

$$相对误差=\frac{\pm 0.01}{25.64}\times 100\%=\pm 0.04\%$$

$$相对误差=\frac{\pm 0.00001}{1.05782}\times 100\%=\pm 0.0009\%$$

在上述计算中，以第一个数的相对误差最大（数字位为 3 位），应以它为准，将其他数字根据有效数字修约规则，保留 3 位有效数字，然后相乘即得 0.328。

有效数字的运算法，目前还没有统一的规定，可以先修约后运算，也可以直接用计算器计算，然后修约到应保留的位数，其计算结果可能稍有差别，在最后可疑数字上稍有差别，影响不大。

（3）自然数

在分析化学计算中，有时会遇到一些倍数或分数的关系，如

$$\frac{H_3PO_4\ 的相对分子质量}{3}=\frac{98.00}{3}\approx 32.67$$

$$水的相对分子质量\ M(H_2O)=2\times 1.008+16.00\approx 18.02$$

在这里分母“3”和“2×1.008”中“2”，都不能看作是一位有效数字。因为它们是非测量所得的数，是自然数，其有效数字位数可视为无限的。

（4）分析结果报出的位数

在报出分析结果时，分析结果数据大于10%时，保留 4 位数字；数据为 1%～10%时，保留 3 位数字；数据小于 1%时，保留 2 位数字。

2.2 实验数据处理

2.2.1 正态样本离群值的判断

样本中的一个或几个观测值，它们离其他观测值较远，暗示它们可能来自不同的总体时则可称之为离群值。根据显著性的程度可以把离群值分为歧离值和统计离群值。歧离值是指在检出水平下显著，但在剔除水平下不显著的离群值；统计离群值指在剔除水平下统计检验为显著的离群值。

在数据处理过程中，如果人为地删除误差较大但并非离群的数值，并因此得到精密度很高的数据，这样的做法不符合实际情况，因此去除离群值时必须要遵循一定的原则。离群值的处理方式：保留离群值并用于后续数据处理；在找到实际原因时修正离群值，否则予以保留；剔除离群值，不追加观测值；剔除离群值，并追加新的观测值或用适宜的插补值代替。

对检出的离群值，应尽可能寻找其技术上和逻辑上的原因，作为处理离群值的依据。应根据实际问题的性质，权衡寻找和判定产生离群值的原因、所需代价，正确判

定离群值的取舍及错误剔除正常观测值的风险。现有的检测方法有很多，下面介绍最常用的两种。

1. 格鲁布斯（Grubbs）检验法

格鲁布斯检验法适用于检验多组测量值均值的一致性和剔除多组测量值中的离群均值；也可用于检验一组测量值的一致性和剔除一组测量值中的离群值，方法如下：

（1）有一组测量值，每组 n 个测量值的均值分别为$\bar{x}_1$，$\bar{x}_2$，…，$\bar{x}_i$，…，$\bar{x}_l$，其中最大均值记为$\bar{x}_{max}$，最小均值记为$\bar{x}_{min}$。

（2）由 n 个均值计算总均值（$\bar{\bar{x}}$）和标准偏差（$s_{\bar{x}}$）：

$$\bar{\bar{x}} = \frac{1}{l}\sum_{i=1}^{l} \bar{x}_i \qquad (2-18)$$

$$s_{\bar{x}} = \sqrt{\frac{1}{l-1}\sum_{i=1}^{l}(\bar{x}_i - \bar{\bar{x}})^2} \qquad (2-19)$$

（3）可疑均值为最大均值（$\bar{x}_{max}$）时，按下式计算统计量（T）：

$$T = \frac{\bar{x}_{max} - \bar{\bar{x}}}{s_{\bar{x}}} \qquad (2-20)$$

可疑均值为最小均值（$\bar{x}_{min}$）时，按下式计算统计量（T）：

$$T = \frac{\bar{\bar{x}} - \bar{x}_{min}}{s_{\bar{x}}} \qquad (2-21)$$

（4）根据测量值组数和给定的显著性水平（α），从表 2－2 查得临界值（T_α）。

（5）若 $T \leqslant T_{0.05}$，则可疑均值为正常均值；若 $T_{0.05} < T \leqslant T_{0.01}$，则可疑均值为偏离均值；若 $T > T_{0.01}$，则可疑均值为离群均值，应予以剔除，即剔除含有该均值的一组数据。

表 2－2　格鲁布斯检验法临界值（T_α）

l	显著性水平 α		l	显著性水平 α	
	0.05	0.01		0.05	0.01
3	1.153	1.155	15	2.409	2.705
4	1.463	1.492	16	2.443	2.747
5	1.672	1.749	17	2.475	2.785
6	1.822	1.944	18	2.504	2.821
7	1.938	2.097	19	2.532	2.854
8	2.032	2.221	20	2.557	2.884
9	2.110	2.322	21	2.580	2.912
10	2.176	2.410	22	2.603	2.939
11	2.234	2.485	23	2.624	2.963
12	2.285	2.050	24	2.644	2.987
13	2.331	2.607	25	2.663	3.009
14	2.371	2.695			

【例2-4】 10个实验室分析同一样品，各实验室5次测量的平均值按从小到大的顺序排列：4.41，4.49，4.50，4.51，4.64，4.75，4.81，4.95，5.01，5.39，检验最大均值5.39是否为离群均值。

解：

$$\bar{\bar{x}} = \frac{1}{10}\sum_{i=1}^{10} \bar{x}_i = 4.746$$

$$S_{\bar{x}} = \sqrt{\frac{1}{10-1}\sum_{i=1}^{10}(\bar{x}_i - \bar{\bar{x}})^2} \approx 0.305$$

$$\bar{x}_{\max} = 5.39$$

则统计量：

$$T = \frac{\bar{x}_{\max} - \bar{\bar{x}}}{S_{\bar{x}}} = \frac{5.39 - 4.746}{0.305} \approx 2.11$$

当 $L=10$、给定显著性水平 $\alpha=0.05$ 时，查表2-2得临界值 $T_{0.05}=2.176$。因 $T<T_{0.05}$，故5.39为正常均值，即均值为5.39的一组测量值为正常值。

2. 狄克松(Dixon)检验法

狄克松检验法适用于一组测量值的一致性检验和剔除离群值，本法对最小可疑值和最大可疑值进行检验的公式因样本容量(n)不同而异，其检验方法如下：

(1) 将一组测量数据按从小到大的顺序排列为 x_1，x_2，…，x_n，x_1 和 x_n 分别是最小可疑值和最大可疑值。

(2) 按表2-3中的计算式求 Q 值。

(3) 根据给定的显著性水平(理)和样本容量(n)，从表2-4中查得临界值(Q_α)。

(4) 若 $Q \leqslant Q_{0.05}$，则可疑值为正常值；若 $Q_{0.05} < Q \leqslant Q_{0.01}$，则可疑值为偏离值；若 $Q > Q_{0.01}$，则可疑值为离群值。

表2-3　狄克松检验法 Q 计算法

n 值范围	可疑数据为最小值 x_1 时	可疑数据为最大值 x_n 时	n 值范围	可疑数据为最小值 x_1 时	可疑数据为最大值 x_n 时
3～7	$Q=\frac{x_2-x_1}{x_n-x_1}$	$Q=\frac{x_n-x_{n-1}}{x_n-x_1}$	11～13	$Q=\frac{x_3-x_1}{x_{n-1}-x_1}$	$Q=\frac{x_n-x_{n-2}}{x_n-x_2}$
8～10	$Q=\frac{x_2-x_1}{x_{n-1}-x_1}$	$Q=\frac{x_n-x_{n-1}}{x_n-x_2}$	14～25	$Q=\frac{x_3-x_1}{x_{n-2}-x_1}$	$Q=\frac{x_n-x_{n-2}}{x_n-x_3}$

表2-4　狄克松检验法临界值(Q_α)

n	显著性水平 α		n	显著性水平 α	
	0.05	0.01		0.05	0.01
3	0.941	0.988	15	0.525	0.616
4	0.765	0.889	16	0.507	0.595
5	0.642	0.780	17	0.490	0.577

（续表）

n	显著性水平 α		n	显著性水平 α	
	0.05	0.01		0.05	0.01
6	0.560	0.698	18	0.475	0.561
7	0.507	0.637	19	0.462	0.547
8	0.554	0.683	20	0.450	0.535
9	0.512	0.635	21	0.440	0.524
10	0.477	0.597	22	0.430	0.514
11	0.576	0.679	23	0.421	0.505
12	0.546	0.642	24	0.413	0.497

【例 2－5】 将一组测量值按从小到大的顺序排列：14.65，14.90，14.90，14.92，14.95，14.96，15.00，15.01，15.01，15.02。检验最小值 14.65 和最大值 15.02 是否为离群值。

解：检验最小值 $x_1=14.65$，$n=10$，$x_2=14.90$，$x_{n-1}=15.01$，则

$$Q=\frac{x_2-x_1}{x_{n-1}-x_1}=\frac{14.90-14.65}{15.01-14.65}\approx 0.69$$

查表 2－4，当 $n=10$，给定显著性水平 $\alpha=0.01$ 时，$Q_{0.01}=0.597$。

$Q>Q_{0.01}$，故最小值 14.65 为离群值，应予以剔除。

检验最大值 $x_n=15.02$，有

$$Q=\frac{x_n-x_{n-1}}{x_n-x_2}=\frac{15.02-15.01}{15.02-14.90}\approx 0.083$$

查表 2－4 可知，$Q_{0.05}=0.477$。

$Q<Q_{0.05}$，故最大值 15.02 为正常值。

2.2.2 实验数据的表示方法

在对实验数据进行误差分析时，剔除离群值后，对数据进行归纳处理。一般用列表、图形或经验方式的方法进行整理。根据经验，可以选择一种或多种的方式对数据进行处理。

1. 列表法

列表法是将一组实验数据中的各变量的数值依一定的形式和顺序一一对应列出来，从而反映各变量之间的关系。列表法是数据整理的第一步，为后续数据处理打下基础。一般实验数据表分为记录表和结果表示表，它们都具有简单易做、形式紧凑、数据易参照等优点。但在使用列表法进行数据整理的时候应注意变量的名称、符号和单位，以及数据修约位数，记录表格要正规，原始数据要清楚书写。

2. 图示法

图示法是将实验数据用图形表示出来，从而更加直观和形象地表示复杂数据。用图示法更容易看出实验数据的极点、转折点，以及实验数据是否具有周期性等。用于

数据处理的图形种类有很多，一般有线图、散点图、柱形图、圆形图、环形图、三角形图、三维表面图、三维等高线图等。

对不同类型和不同处理要求的数据，可以采用不同类型的图形。在绘制时应注意，用手绘图时，要求曲线平滑；定量坐标轴，分度不一定自零起；在定量绘制时，坐标轴代表变量名称、符号和单位，一般纵轴为因变量。

3. *方程法*

为了便于分析数据，一般用方程来表示自变量和因变量的关系。方程法一般包括两个步骤。

（1）选择经验公式

表达式中易直接通过实验验证的是直线方程，因此应尽量使所得函数形式呈直线式。若得到的函数形式不是直线式，可以通过变量变换，使所得图形改为直线。

（2）确定经验公式的系数

确定经验公式中系数的方法有多种，常用的有一元线性回归和一元非线性回归。

一元线性回归是数据处理中使用最多的方法。当两个变量 x 和 y 存在一定的线性关系时，可通过最小二乘法求出系数 a 和 b，并建立起回归方程 $y=ax+b$（称为 y 对 x 的回归线）。

用最小二乘法求系数时，应满足以下两个假定：

① 所有自变量的各个给定值均无误差，因变量的各值可带有测定误差。

② 最佳直线应使各实验点与直线的偏差的平方和最小。

常数 a，b 的计算方法为

$$a=\frac{n\sum xy-\sum x\sum y}{n\sum x^2-(\sum x)^2} \tag{2-22}$$

$$b=\frac{\sum x^2\sum y-\sum x\sum xy}{n\sum x^2-(\sum x)^2} \tag{2-23}$$

【例 2-6】 用臭氧脱色得到表 2-5 所列的数据，试求吸光度（A）和浓度回归直线方程。

表 2-5 原液及吸光度数据

原液（mL）	0	1	2	2.5	5	10	20	50
吸光度	0.007	0.016	0.03	0.037	0.063	0.129	0.255	0.67

解： 设原液体积为 x，吸光度为 y，则

$$\sum x=90.5,\quad \sum y=1.207,\quad n=8$$

$$\sum x^2=8190.25,\quad \sum xy=109.23$$

$$a=\frac{8\times 109.23-90.5\times 1.207}{8\times 8190.25-(90.5)^2}\approx 0.0133$$

$$b=\frac{8190.25\times1.207-90.5\times109.23}{8\times8190.25-(90.5)^2}=5.52\times10^{-6}$$

方程为

$$y=0.0133x+5.52\times10^{-6}$$

随着计算机技术的日益普及，许多烦琐的工作都可以由计算机来完成，比如本例题的解答。其操作方法如下：

① 启动 Microsoft Excel 软件。

② 在工作簿中输入两列数据，如图 2-2 所示。

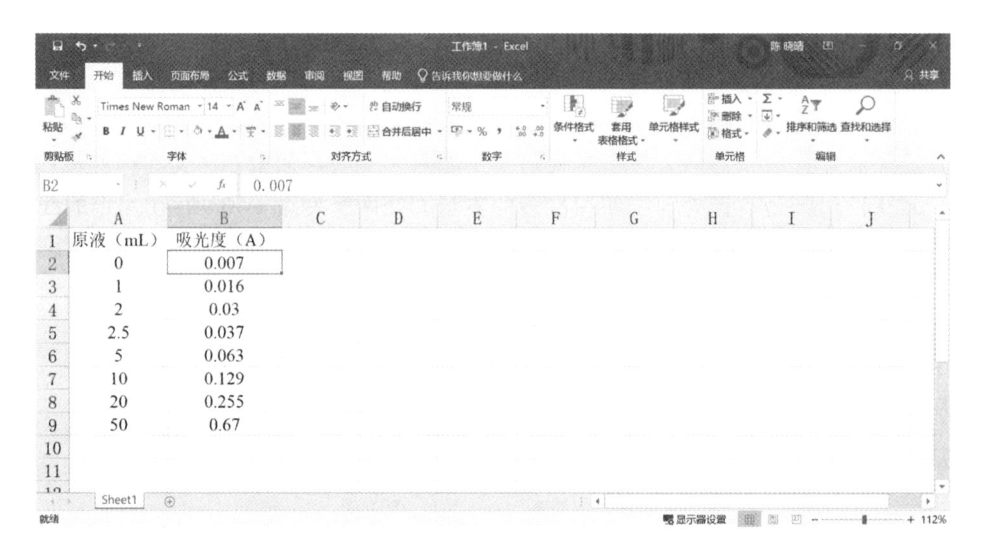

图 2-2　Excel 应用流程（1）

(3) 选中输入的两列数据，单击“插入”→“图表”，弹出如图 2-3 所示的窗口。

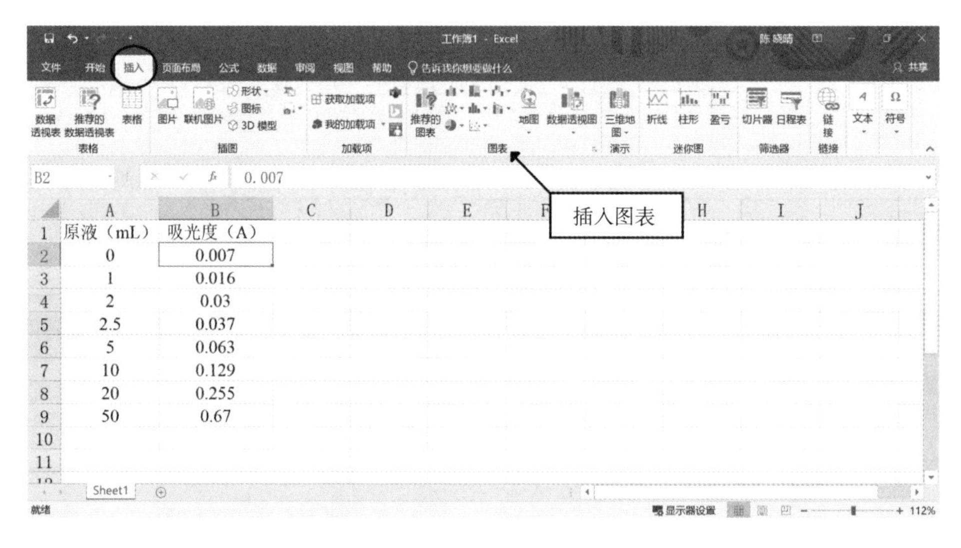

图 2-3　Excel 应用流程（2）

（4）在图表窗口中选择“XY散点图”，如图2-4所示。

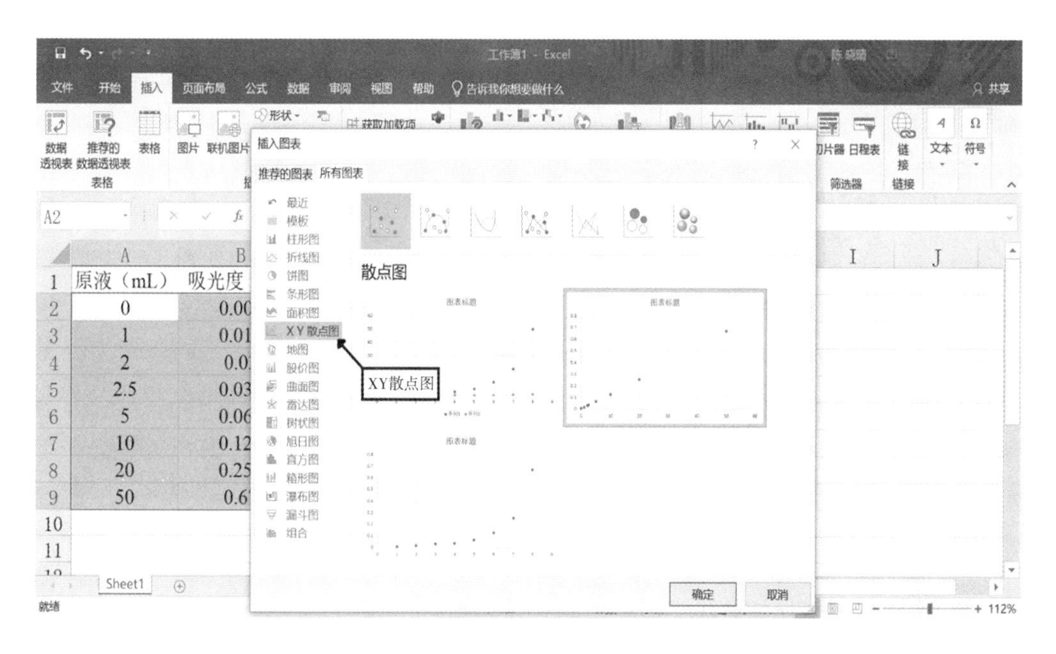

图2-4 Excel应用流程（3）

（5）在子图表类型选择最上方的类型，然后单击“确定”按钮，如图2-5所示。

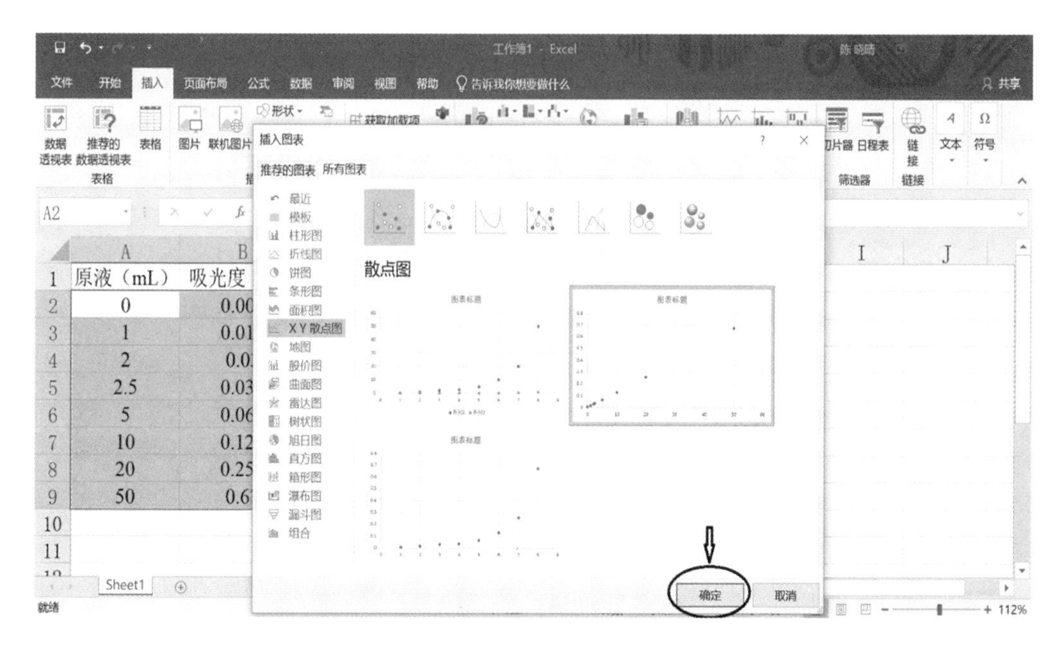

图2-5 Excel应用流程（4）

（6）设置X、Y轴坐标值分别为“浓度”和“吸光度”，如图2-6所示。

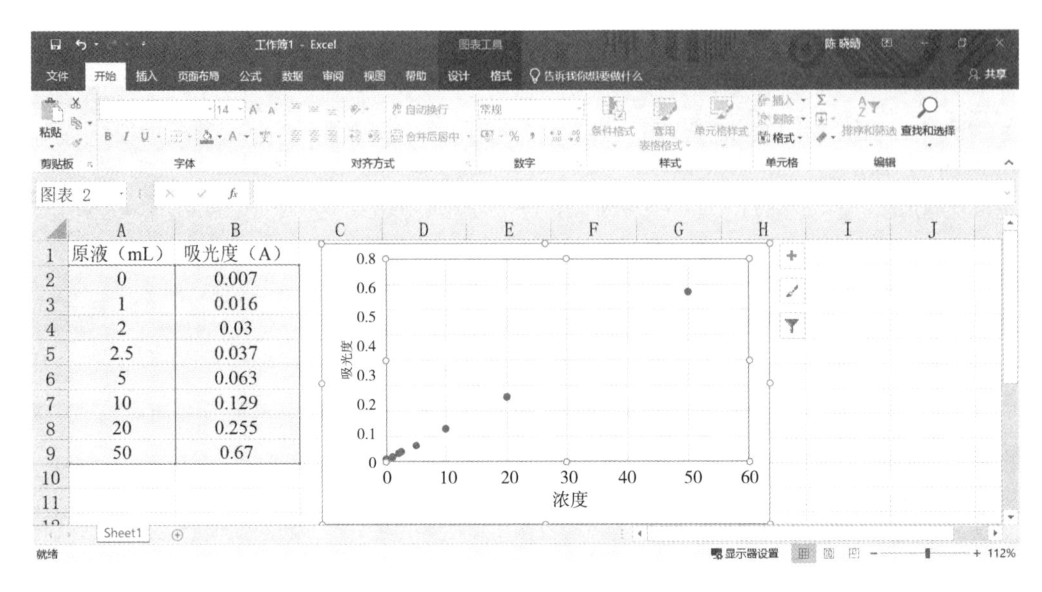

图 2－6　Excel 应用流程（5）

（7）单击图表添加趋势线，并设置趋势线格式。

弹出如图 2－7 所示的“设置趋势线格式”窗格，在“趋势线选项”标签中默认选择“线性（L）”单选按钮；在“趋势预测”标签中，勾选“显示公式”和“显示 R 平方值”两个复选框，如图 2－7 所示。

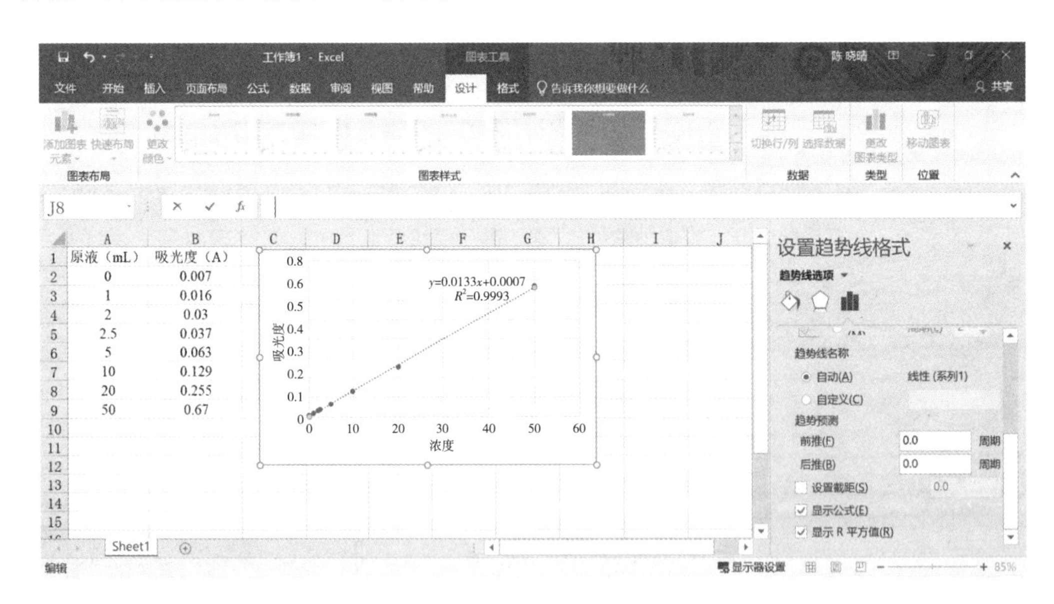

图 2－7　Excel 应用流程（6）

（8）单击“确定”按钮，即可得到拟合方程及相关系数 R 的平方值，如图 2－8 所示。

采用 Excel 软件计算的结果为 $y=0.0133x+0.0007$，与笔算结果基本相同（仅因数字位数不同而有所差异）。

除 Excel 软件外，也可以利用 Origin、Matlab 等软件进行数据处理。

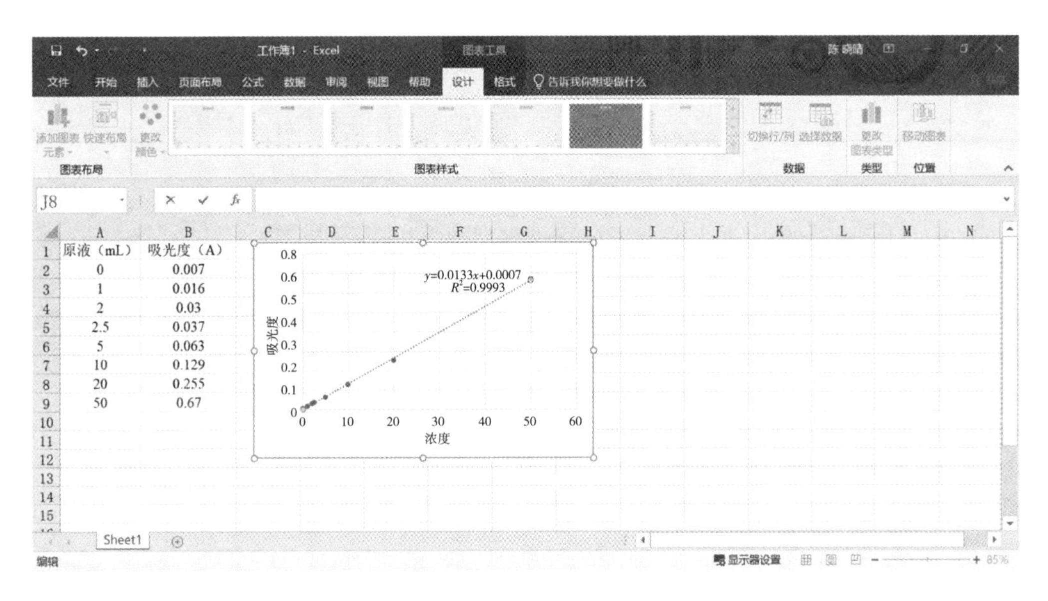

图 2-8 Excel 应用流程（7）

2.2.3 方差分析法

1. 方差分析的基本原理

在实验数据的处理过程中，方差分析（analysis of variance）是一种非常实用、有效的统计检验方法，用于分析实验过程中与实验有关的因素对实验结果影响的程度、各因素之间的关系、因素间关系是主要的还是次要的等。本节主要介绍单因素方差分析。

2. 单因素方差分析

单因素方差分析（one-way analysis of variance），它是讨论一种因素对实验结果有无显著影响的分析方法。

设某单因素 A 有 b 种水平，A_1，A_2，…，A_b，在每一种水平下的实验结果服从正态分布。如果在各水平下分别做了 a 次实验，任意一个实验结果表示为 x_{ij}（$i=1$，2，…，a；$j=1$，2，…，b），其中 j 表示因素 A 对应的水平 A_j，i 表示在 A_j 水平下的第 i 次实验。通过单因素实验方差分析可以判断因素 A 对实验结果是否有显著影响。单因素实验方差分析数据表见表 2-6 所列。

表 2-6 单因素实验方差分析数据表

实验次数	A_1	A_2	…	A_j	…	A_b
1	x_{11}	x_{12}	…	x_{1j}	…	x_{1b}
2	x_{21}	x_{22}	…	x_{2j}	…	x_{2b}
⋮	⋮	⋮		⋮		⋮

（续表）

实验次数	A_1	A_2	…	A_j	…	A_b
i	x_{i1}	x_{i2}	…	x_{ij}	…	x_{ib}
⋮	⋮	⋮		⋮		⋮
a	x_{a1}	x_{a2}	…	x_{aj}	…	x_{ab}

（1）单因素实验方差分析基本步骤

为了便于理解，单因素方差分析过程可以划分为以下几步。

① 计算平均值

如果将每种水平看成一组，令 $\bar{x}_i$ 为因素 A 在 A_j 水平下所有实验值的算术平均值，称为组内平均值，即

$$\bar{x}_i = \frac{1}{a}\sum_{i=1}^{a} x_{ij}\,(i=1,\ 2,\ \cdots,\ a) \tag{2-24}$$

所以组内和为

$$T_i = \sum_{i=1}^{a} x_{ij} = a\,\bar{x}_i \tag{2-25}$$

总平均$\bar{x}$ 为所有实验值的算术平均值，即

$$\bar{x} = \frac{1}{ab}\sum_{i=1}^{a}\sum_{j=1}^{b} x_{ij} \tag{2-26}$$

若将式(2-25)代入式(2-26)，可以得到另外两种总平均计算式：

$$\bar{x} = \frac{1}{ab}\sum_{i=1}^{a} b\,\bar{x}_i \tag{2-27}$$

$$\bar{x} = \frac{1}{ab}\sum_{i=1}^{a} T_i \tag{2-28}$$

其中，ab 表示总实验数。

② 计算离差平方和

在单因素实验过程中，各实验结果之间存在差异，这种差异可用离差平方和来表示。

a. 总离差平方和

总离差平方和用 SS_T(sum of squares for total) 表示，其计算公式为

$$SS_T = \sum_{i=1}^{a}\sum_{j=1}^{b} (x_{ij} - \bar{x})^2 \tag{2-29}$$

总离差平方和 SS_T 反映了全部实验值 x_{ij} 对总平均值$\bar{x}$ 之间的总差异，这种差异是由 x_{ij} 不同值引起的。

b. 组间离差平方和

组间离差平方和用 SS_A(sum of squares factor A) 表示，其计算公式如下：

$$SS_A = \sum_{i=1}^{a}\sum_{j=1}^{b}(x_i - \bar{x})^2 = \sum_{i=1}^{a} a(\bar{x}_i - \bar{x})^2 \qquad (2-30)$$

由式(2-30) 可以看出，组间离差平方和反映了各组内平均值$\bar{x}_i$之间的差异程度，这种差异是由因素 A 不同水平及随机误差引起的。

c. 组内离差平方和

组内离差平方和用 SS_e(sum of squares for error) 表示，SS_e 计算公式如下：

$$SS_e = \sum_{i=1}^{a}\sum_{j=1}^{b}(x_{ij} - \bar{x}_i)^2 \qquad (2-31)$$

由式(2-31) 看出，SS_e 反映了在各水平内，各实验值之间的差异程度，这种差异是由随机误差的作用而产生的。

三种离差平方和之间存在以下关系：

$$SS_T = SS_A + SS_e \qquad (2-32)$$

从式(2-32) 看出，实验值之间的总差异由两个部分组成：一是由各个因素取不同水平造成的；二是由实验的随机误差产生的。

③ 计算自由度

自由度(degree of freedom) 是指偏差平方和式中独立数据的个数。三种离差平方和对应的自由度分别如下。

SS_T 对应的为总自由度，即

$$f_T = ab - 1 \qquad (2-33)$$

SS_A 对应的为组间自由度，即

$$f_A = b - 1 \qquad (2-34)$$

SS_e 对应的为组内自由度，即

$$f_e = ab - b \qquad (2-35)$$

显然，三个自由度的关系为

$$f_T = f_A + f_e \qquad (2-36)$$

④ 计算平均平方

用离差平方和除以对应的自由度即可得到平均平方 (mean squares)，简称均方。MS_A 为组间均方 (mean squares between groups)，MS_e 为组内均方 (mean squares within group)，将 SS_A、SS_e 分别除以 f_A，f_e 就可以得到：

$$MS_A = \frac{SS_A}{f_A} \qquad (2-37)$$

$$MS_e = \frac{SS_e}{f_e} \tag{2-38}$$

⑤ F 检验

统计量 F 是组间均方与组内均方之比，即

$$F_A = \frac{\text{组间均方}}{\text{组内均方}} = \frac{MS_A}{MS_e} \tag{2-39}$$

式(2-39)中 F_A 服从自由度为(f_A，f_e)的 F 分布（F distribution），对于给定的显著性水平 α，从 F 分布表中查得临界值 $F_\alpha(f_A, f_e)$，如果 $F_A \leqslant F_\alpha(f_A, f_e)$，则认为因素 A 对实验结果无显著影响，否则认为因素 A 对实验结果有显著影响。

通常，若 $F_A > F_{0.01}(f_A, f_e)$，则因素 A 对实验结果有非常显著的影响，记为“* *”。

若 $F_{0.05}(f_A, f_e) < F_A < F_{0.01}(f_A, f_e)$，则因素 A 对实验结果的影响显著，记为“*”。

若 $F_A < F_{0.05}(f_A, f_e)$，则因素 A 对实验结果的影响不显著，不用“*”号。

为了将方差分析的主要过程表现得更清楚，通常将有关的计算结果列成方差分析表，见表 2-7 所列。

表 2-7　单因素实验的方差分析表

差异源	SS	f	MS	F	显著性
组间（因素 A）	SS_A	$b-1$	$MS_A=SS_A/(b-1)$	MS_A/MS_e	—
组内（误差）	SS_e	$ab-b$	$MS_e=SS_e/(ab-b)$	—	—
总和	SS_T	$ab-1$	—	—	—

【例 2-7】 某生产企业为了研究饮料的颜色是否对销售量产生影响，现选用新研制的一种饮料，共有 4 种颜色，橘黄色、粉色、绿色和无色透明，分别从五家超级市场收集前期该种饮料的销售额（万元）（表 2-8）。

表 2-8　不同颜色饮料的销售额

颜色	销售额（万元）				
橘黄色	26.5	28.7	25.1	29.1	27.2
粉色	31.2	28.3	30.8	27.9	29.6
绿色	27.9	25.1	28.5	24.2	26.5
无色	30.8	29.6	32.4	31.7	32.8

解：① 计算平均值

本题为单因素实验的方差分析，这里只考虑饮料颜色对销售额的影响，它有 4 种水平，即 $b=4$，每种颜色从 5 家超市抽取，相当于 5 次，故 $a=5$，总实验次数 $n=20$。平均值计算表见表 2-9 所列。

表 2-9 平均值计算表

颜色	销售额					实验次数 a_i	组内和 T_i	组内平均值$\bar{x}_i$	总平均值$\bar{x}$
橘黄色	26.5	28.7	25.1	29.1	27.2	5	136.6	27.32	—
粉色	31.2	28.3	30.8	27.9	29.6	5	147.8	29.56	—
绿色	27.9	25.1	28.5	24.2	26.5	5	132.2	26.44	—
无色	30.8	29.6	32.4	31.7	32.8	5	157.3	31.46	28.70

② 计算离差平方和

$$SS_T=\sum_{i=1}^{a}\sum_{j=1}^{b}(x_{ij}-\bar{x})^2=(26.5-28.7)^2+(28.7-28.7)^2+\cdots+(32.8-28.7)^2$$

$$\approx 115.93$$

$$SS_A=\sum_{i=1}^{a}a(\bar{x}_i-\bar{x})^2$$

$$=5\times[(27.32-28.7)^2+(29.56-28.7)^2+\cdots+(31.46-28.7)^2]\approx 76.85$$

因此

$$SS_e=SS_T-SS_A=115.93-76.85=39.08$$

③ 计算自由度

$$f_T=ab-1=20-1=19$$

$$f_A=b-1=4-1=3$$

$$f_e=ab-b=20-4=16$$

④ 计算均方

$$MS_A=SS_A/f_A=76.85/3\approx 25.62$$

$$MS_e=SS_e/f_e=39.08/16\approx 2.44$$

⑤ F 检验

$$F_A=\frac{\text{组间均方}}{\text{组内均方}}=\frac{MS_A}{MS_e}=\frac{25.62}{2.44}\approx 10.49$$

从 F 分布表中查得 $F_{0.05}(f_A,f_e)=F_{0.05}(3,16)=3.24$，$F_{0.01}(3,16)=5.29$，所以饮料颜色对销售额有非常显著的影响。计算结果见表 2-10 所列。

表 2-10 方差分析表

差异源	SS	f	MS	F	显著性
颜色（组间）	76.85	3	25.62	10.49	* *
误差（组内）	39.08	16	2.44	—	—
总和	115.93	19	—	—	—

（2）Excel 在单因素实验方差分析中的应用

可利用 Excel“分析工具库中”的“单因素方差分析”工具来进行单因素实验的方差分析，下面举例说明。

【例 2－8】 对于例 2－7 中的实验数据，试用 Excel 的“单因素方差分析”工具来判断饮料颜色对销售额是否有显著影响。

解：本题的具体计算步骤如下。

① 在 Excel 中将待分析的数据列成表格，如图 2－9 所示。图 2－9 中的数据是按“行”组织的，也可以按“列”来组织。

A	B	C	D	E	F
颜色	销售额				
橘黄色	26.5	28.7	25.1	29.1	27.2
粉色	31.2	28.3	30.8	27.9	29.6
绿色	27.9	25.1	28.5	24.2	26.5
无色	30.8	29.6	32.4	31.7	32.8

图 2－9　单因素方差分析数据

② 在【数据】选项卡的【分析】命令组中，单击“数据分析”命令按钮，打开分析工具库，选中“方差分析：单因素方差分析”工具，即可弹出“方差分析单因素方差分析”对话框，如图 2－10 所示。

③ 按图 2－10 所示的方式填写对话框。

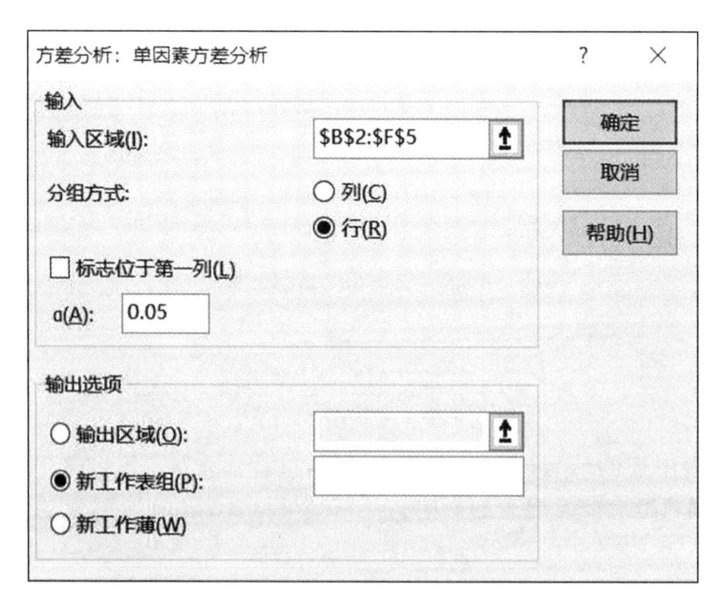

图 2－10　“方差分析单因素方差分析”对话框

a. 输入区域：在此输入待分析数据区域的单元格引用。

b. 分组方式：如果需要指出输入区域中的数据是按“行”还是按“列”排列，请单击“行”或“列”。在本例中数据是按行排列的。

c. “标志位于第一列”表示如果输入区域的第一列中包含标志项，则选中“标志位于第一列”复选框；如果没有标志项，则不用选中复选框，本例题没有选中标志项，因此不用选中。

d. 在“a（A）”处输入计算 F 检验临界值的置信度，也称显著性水平（默认值为 0.05）。

e. 输出方式：可以选择“新工作表组”，输出结果如图 2-11 所示。

④ 按要求填完单因素方差分析对话框之后，单击“确定”按钮，即可得到方差分析的结果，如图 2-11 所示。

1	方差分析：单因素方差分析						
2							
3	SUMMARY						
4	组	观测数	求和	平均	方差		
5	行 1	5	136.6	27.32	2.672		
6	行 2	5	147.8	29.56	2.143		
7	行 3	5	132.2	26.44	3.298		
8	行 4	5	157.3	31.46	1.658		
9							
10							
11	方差分析						
12	差异源	SS	df	MS	F	P-value	F crit
13	组间	76.8455	3	25.61517	10.4862	0.000466	3.238872
14	组内	39.084	16	2.44275			
15							
16	总计	115.9295	19				

图 2-11 单因素方差分析结果

由图 2-11 所得到的方差分析表与例 2-7 是一致的，其中 F_{crit} 是显著性水平为 0.05 时 F 临界值，也就是从 F 分布表中查到的 $F_{0.05}$（3，16），所以当 $F>F_{crit}$ 时，饮料颜色对销售额有显著影响。P-value 表示的是因素对实验结果无显著影响的概率，在 P-value≤0.01 时，说明因素对实验指标的影响非常显著（* *）；在 0.01<P-value<0.05 时，说明因素对实验指标的影响显著（*）。

2.2.4 回归分析法

1. 基本概念

在生产过程和科学实验中所遇到多个变量之间的关系，一般可以分为确定关系和非确定关系。确定关系指变量之间的关系可以用函数关系来表示；不确定关系又称相关关系，当一个自变量或有一定关系的几个变量取一定数值，与之对应的因变量的值可能不确定，但存在一定的规律。它们的区别在于：函数关系是由 x 确定 y 的取值，相关关系是由 x 的取值决定 y 值的概率分布。但两者可以相互转化，变量之间本来具有一定的函数关系，但在实验有误差的情况下，一般函数关系用相关关系表现出来，不确定关系即相关关系。虽然不确定，但是一种统计关系，在大量的数据下，可以呈现出一定的规律性，这种规律性可以用散点图来表示，从而借用函数关系式表现出来，这种函数称之为回归方程或回归函数。

回归分析是处理变量之间不确定关系常用的统计方法，回归分析不仅可以确定变量之间的数学表达式（回归模型），而且通过回归模型可达到估计和预测的目的。

本节主要介绍一元线性回归分析和一元非线性回归分析。

2. 一元线性回归

(1) 一元线性回归的建立

在实验过程中，我们会遇到一个变量和另一个变量有相关关系，处理两个变量之间的关系一般会用一元线性回归模型，这种模型相对比较简单。

假设 x 为自变量，y 为因变量，现经过实验得到了 n 对数据 $(x_i, y_i)(i=1, 2, \cdots, n)$，把各个数据点画在坐标纸上，如果各点的分布近似一条直线，则可考虑采用一元线性回归。一元线性回归的理论方程可表达为

$$\hat{y}=a+bx \tag{2-40}$$

式中：$\hat{y}$ ——根据回归方程得到的因变量 y 的计算值，称为回归值；

a，b——回归方程中的系数，称为回归系数；

x——自变量 。

下面用最小二乘原理估计直线中的回归系数：

由于实验过程中可能会存在误差，通过一元回归方程函数的计算值 $\hat{y}_i$ 与实验值 y_i 不一定相等，它们两者之前的偏差称为残差，一般用 e_i 表示：

$$e_i=y_i-\hat{y}_i \tag{2-41}$$

所有测量数据的残差平方和为

$$S_e=\sum_{i=1}^{n}e_i^2=\sum_{i=1}^{n}(y_i-\hat{y}_i)^2=\sum_{i=1}^{n}[y_i-(a+bx_i)]^2 \tag{2-42}$$

在实验过程中，残差平方和越小，回归方程与实验值拟合程度越好。为了达到 S_e 值极小，可以根据极值原理，式(2-42)对 a，b 分别求偏导数 $\frac{\partial S_e}{\partial a}$，$\frac{\partial S_e}{\partial b}$，并令其等于零，即可求得 a，b 的值，这就是最小二乘法原理。

根据最小二乘法，可以得到

$$\begin{cases}\dfrac{\partial S_e}{\partial a}=-2\sum\limits_{i=1}^{n}(y_i-a-bx_i)=0\\ \dfrac{\partial S_e}{\partial b}=-2\sum\limits_{i=1}^{n}(y_i-a-bx_i)x_i=0\end{cases} \tag{2-43}$$

即

$$\begin{cases}na+b\sum\limits_{i=1}^{n}x_i=\sum\limits_{i=1}^{n}y_i\\ a\sum\limits_{i=1}^{n}x_i+b\sum\limits_{i=1}^{n}x_i^2=\sum\limits_{i=1}^{n}x_iy_i\end{cases} \tag{2-44}$$

或者

$$\begin{pmatrix} n & \sum_{i=1}^{n} x_i \\ \sum_{i=1}^{n} x_i & \sum_{i=1}^{n} x_i^2 \end{pmatrix} \begin{pmatrix} a \\ b \end{pmatrix} = \begin{pmatrix} \sum_{i=1}^{n} y_i \\ \sum_{i=1}^{n} x_i y_i \end{pmatrix} \tag{2-45}$$

上述方程组称为正规方程组。如果用方程解来计算 a，b 的值，需要先计算相关的值，计算表见表 2-11 所列。

表 2-11　计算表

序号	x_i	y_i	x_i^2	y_i^2	$x_i y_i$
1	x_1	y_1	x_1^2	y_1^2	$x_1 y_1$
2	x_2	y_2	x_2^2	y_2^2	$x_2 y_2$
⋮	⋮	⋮	⋮	⋮	⋮
n	x_n	y_n	x_n^2	y_n^2	$x_n y_n$
$\sum$	$\sum_{i=1}^{n} x_i$	$\sum_{i=1}^{n} y_i$	$\sum_{i=1}^{n} x_i^2$	$\sum_{i=1}^{n} y_i^2$	$\sum_{i=1}^{n} x_i y_i$
平均值 $\sum/n$	$\bar{x}$	$\bar{y}$	—	—	—

注：$\bar{x}$，$\bar{y}$ 分别为实验值 x_i，y_i($i=1$，2，…，n) 的算术平均值。

对上述方程组求解，就可得到回归系数 a，b 的计算式：

$$a = \bar{y} - b\bar{x} \tag{2-46}$$

$$b = \frac{\sum_{i=1}^{n} x_i y_i - n\bar{x}\,\bar{y}}{\sum_{i=1}^{n} x_i^2 - n(\bar{x})^2} \tag{2-47}$$

由式(2-45) 可以看出，回归直线过点($\bar{x}$，$\bar{y}$)。

也可以用简单算法，令

$$L_{xx} = \sum_{i=1}^{n} (x_i - \bar{x})^2 = \sum_{i=1}^{n} x_i^2 - n\bar{x}^2 \tag{2-48}$$

$$L_{xy} = \sum_{i=1}^{n} (x_i - \bar{x})(y_i - \bar{y}) = \sum_{i=1}^{n} x_i y_i - n\bar{x}\,\bar{y} \tag{2-49}$$

于是式(2-47) 可以简化为

$$b = \frac{L_{xy}}{L_{xx}} \tag{2-50}$$

【例2-9】 为研究某物质在溶液中的浓度c(%)与其沸点温度T之间的关系，得到见表2-12所列的实验数据，试用最小二乘法确定浓度与沸点温度的经验公式。

表2-12 实验数据

c(%)	19.6	20.5	22.3	25.1	26.3	27.8	29.1
T(℃)	105.4	106.0	107.2	108.9	109.6	110.7	111.5

解：第一步，作散点图，根据表中给定的实验数据，作$c-T$散点图，如图2-12所示。

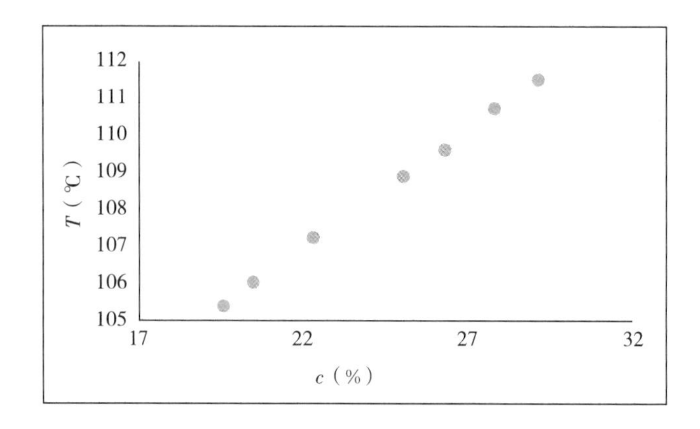

图2-12 $c-T$散点图

第二步，根据散点图的形状确定函数类型。

从图2-12中可以看出，$c-T$散点图为线性关系，为了方便计算，将$c-T$关系表示为$y=a+bx$，其中x表示浓度c，y表示为沸点温度T。

第三步，根据最小二乘法得到回归方程表达式。

$$\begin{cases} 7a+b\sum_{i=1}^{7}x_i=\sum_{i=1}^{7}y_i \\ a\sum_{i=1}^{7}x_i+b\sum_{i=1}^{7}x_i^2=\sum_{i=1}^{7}x_iy_i \end{cases}$$

也可以用矩阵表示：

$$\begin{pmatrix} 7 & \sum_{i=1}^{7}x_i \\ \sum_{i=1}^{7}x_i & \sum_{i=1}^{7}x_i^2 \end{pmatrix}\begin{pmatrix} a \\ b \end{pmatrix}=\begin{pmatrix} \sum_{i=1}^{7}y_i \\ \sum_{i=1}^{7}x_iy_i \end{pmatrix}$$

根据正规方程组，计算相应的数值，见表2-13所列。

表 2-13　一元线性回归计算表

项目	x	y	x_i^2	y_i^2	x_iy_i
1	19.6	105.4	384.16	11109.16	2065.84
2	20.5	106	420.25	11236	2173
3	22.3	107.2	497.29	11491.84	2390.56
4	25.1	108.9	630.01	11859.21	2733.39
5	26.3	109.6	691.69	12012.16	2882.48
6	27.8	110.7	772.84	12254.49	3077.46
7	29.1	111.5	846.81	12432.25	3244.65
$\sum_{i=1}^{7}$	170.7	759.3	4243.05	82395.11	18567.38
$\frac{1}{7}\sum_{i=1}^{7}$	24.38571	108.4714286	—	—	—

可以得到方程组$\begin{cases}7a+170.7b=759.3,\\170.7a+4243.05b=18567.38。\end{cases}$

通过方程组，解得 $a\approx92.911$，$b\approx0.6381$。因此 $c-T$ 的关系式为 $T=92.911+0.6381c$。

如果用简单算法，计算统计量 L_{xx}，L_{xy}。

$$L_{xx}=\sum_{i=1}^{n}x_i^2-n\bar{x}^2=4243.05-7\times24.38571^2\approx80.4100346$$

$$L_{xy}=\sum_{i=1}^{n}x_iy_i-n\bar{x}\bar{y}=18567.38-7\times24.38571\times108.4714286\approx51.3104945$$

$$b=\frac{L_{xy}}{L_{xx}}=\frac{51.3104945}{80.4100346}\approx0.63811059$$

$$a=\bar{y}-b\bar{x}=108.4714286-0.63811059\times24.38571\approx92.911$$

则回归方程为

$$\hat{y}=92.911+0.6381x$$

可以看出两种方法结果是一样的。

(2) 一元线性回归的显著性检验

最小二乘法的原则是使函数计算值 $\hat{y}_i$ 与实验值 y_i 残差最小，但回归方程式能不能反映实际情况，还需要进行统计分析，下面介绍方差检验法和相关系数检验法。

① 方差检验法

方差检验法也是 F 检验，主要检验自变量和因变量之间是否有显著的线性关系，主要将回归平方和与残差平方和进行比较，通过 F 检验两者关系是否有显著性。

a. 偏差平方和

实验值 $y_i(i=1, 2, \cdots, n)$ 之间存在一定差异，其中总偏差平方和是用实验值 y_i 与算术平均值$\bar{y}$ 的偏差平方和来表示。

$$S_T = \sum_{i=1}^{n}(y_i - \bar{y})^2 = L_{yy} \tag{2-51}$$

$$L_{yy} = \sum_{i=1}^{n}(y_i - \bar{y})^2 = \sum_{i=1}^{n} y_i^2 - n\bar{y}^2 \tag{2-52}$$

实验值 y_i 的变化由两个因素造成的，一个是由 x 的变化引起的，另一个是由随机误差引起的。由 x 引起的可以用回归平方和 S_R 来表示，由随机误差可以用残差平方和 S_e 来表示。

$$S_R = \sum_{i=1}^{n}(\hat{y}_i - \bar{y})^2 \tag{2-53}$$

式中：$\hat{y}_i$—— 回归值；

$\bar{y}$——y_i 的算术平均值。

残差平方和 S_e 用式(2-42) 来表示，即 $S_e = \sum_{i=1}^{n}(y_i - \hat{y}_i)^2$。

总偏差平方和、回归平方和和残差平方和之间有一定的关系，具体如下：

$$S_T = S_R + S_e \tag{2-54}$$

一般 S_R 与 S_e 按下式计算：

将 $\hat{y}_i = a + bx_i$，$\bar{y} = a + b\bar{x}$ 代入上式，整理可得

$$S_R = \sum_{i=1}^{n}(\hat{y}_i - \bar{y})^2 = bL_{xy} \tag{2-55}$$

$$S_e = \sum_{i=1}^{n}(y_i - \hat{y}_i)^2 = L_{yy} - bL_{xy} \tag{2-56}$$

b. 平均偏差平方和与自由度

总偏差平方和 S_T 的自由度为

$$f_T = n - 1 \tag{2-57}$$

回归平方和 S_R 的自由度为

$$f_R = 1 \tag{2-58}$$

残差平方和 S_e 的自由度为

$$f_e = n - 2 \tag{2-59}$$

三者自由度的关系为

$$f_T = f_R + f_e \tag{2-60}$$

因而，各平均偏差平方和为

$$V_R = \frac{S_R}{f_R} = S_R \tag{2-61}$$

$$V_e = \frac{S_e}{f_e} = \frac{S_e}{n-2} \tag{2-62}$$

c. 用 F 检验法进行显著性检验

$$F_R = \frac{V_R}{V_e} \tag{2-63}$$

F 服从自由度为(1，$n-2$)的 F 分布。一般 α 一般取 0.05 或 0.01，在已知显著性水平 α 下，从 F 分布表中查得 $F_\alpha(1, n-2)$。

若 $F < F_{0.05}(1, n-2)$，则称 x 与 y 没有显著的线性关系，所以不能使用回归方程。

若 $F_{0.01}(1, n-2) \geqslant F \geqslant F_{0.05}(1, n-2)$，则称 x 与 y 有显著的线性关系，可以用“*”表示。

若 $F > F_{0.01}(1, n-2)$，则称 x 与 y 有非常显著的线性关系，可以用“* *”表示。

后面两种情况可以说明 y 的波动主要是由 x 的变化造成的，将计算结果列成表，见表 2-14 所列。

表 2-14　一元线性回归方差分析表

方差来源	偏差平方和	自由度	方差(均差)	F 比	显著性
回归	S_R	1	$V_R = S_R$	$F_R = \frac{V_R}{V_e}$	—
残差	S_e	$n-2$	$V_e = \frac{S_e}{n-2}$	—	—
总和	S_T	$n-1$	—	—	—

如果通过 F 检验发现没有显著的线性关系，可能有以下 3 原因：一是影响 y 的因素，除 x 外还有其他因素，至少一个不可忽略的因素；二是 y 和 x 不是线性关系；三是 y 与 x 无关。

【例 2-10】　试用 F 检验法对例 2-9 中所求的回归直线进行显著性检验。

解：由例 2-9 可求得

$$L_{xx} = 80.4100346$$

$$L_{xy} = 51.3104945$$

$$L_{yy} = 32.75424232571428$$

$$b = 0.63811059$$

$$S_T = L_{yy} = 32.75424232571428$$

$$S_R = b \times L_{xy} = 0.63811059 \times 51.3104945 \approx 32.74176991858676$$

$$S_e = S_T - S_R = 32.75424232571428 - 32.74176991858676 = 0.01247240712752$$

列出方差分析表，见表 2-15 所列。

表 2-15　方差分析表

方差来源	偏差平方和	自由度	方差	F 比	$F_{0.01}(1,5)$	显著性
回归	32.7418	1	32.74	13125.68	16.26	* *
残差	0.01247	5	0.002494			
总和	32.7542	6				

所以，例 2-9 所建立的回归直线具有十分显著的线性关系。

② 相关系数检验法

相关系数通常用来描述变量 x 与 y 的线性相关程度，用 γ 来表示。

$$\gamma = \sqrt{\frac{S_R}{S_T}} = \frac{L_{xy}}{\sqrt{L_{xx}L_{yy}}} = b\sqrt{\frac{L_{xx}}{L_{yy}}} \tag{2-64}$$

由于

$$F = \frac{\frac{S_R}{f_R}}{\frac{S_e}{f_e}} = \frac{S_R}{\frac{S_e}{n-2}} = \frac{S_R(n-2)}{S_e} \tag{2-65}$$

将式(2-64)及 $S_T = S_R + S_e$ 代入式(2-65)并整理可得

$$F = \frac{S_R(n-2)}{S_e} = \frac{S_R(n-2)}{S_T - S_R} = \frac{n-2}{\frac{S_T}{S_R} - 1} = \frac{n-2}{\frac{1}{\gamma^2} - 1} \tag{2-66}$$

故

$$\gamma = \left(\frac{n-2}{F} + 1\right)^{-\frac{1}{2}} \tag{2-67}$$

因此，当 $F \geqslant F_\alpha(1, n-2)$ 时，

$$\gamma \geqslant \left[\frac{n-2}{F_\alpha(1, n-2)} + 1\right]^{-\frac{1}{2}} \tag{2-68}$$

令 $\gamma_{\alpha, n-2} = \left[\frac{n-2}{F_\alpha(1, n-2)} + 1\right]^{-\frac{1}{2}}$，因此

当 $\gamma > \gamma_{0.01,\ n-2}$ 时，x 与 y 有十分显著的线性关系。

当 $\gamma_{0.01,\ n-2} \geqslant \gamma \geqslant \gamma_{0.05,\ n-2}$ 时，x 与 y 有显著的线性关系。

当 $\gamma < \gamma_{0.05,\ n-2}$ 时，$n-2$ 与 y 没有明显的线性关系，回归方程不可信。

$\gamma_{\alpha,\ n-2} = \left[\dfrac{n-2}{F_{\alpha}(1,\ n-2)} + 1\right]^{-\frac{1}{2}}$ 可通过查得 $F_{\alpha}(1,\ n-2)$ 的值后计算得到。列出了 $\gamma_{\alpha,\ n-2}$ 与 f 值的关系，查表时，根据 n 值计算出 $\gamma_{\alpha,\ n-2}$。

由式(2-64)可知，相关系数 γ 具有以下特点：

a. $|\gamma| \leqslant 1$。

b. 如果 $|\gamma| = 1$，则表明 x 与 y 完全线性相关。

c. 通常情况下，$0 < |\gamma| < 1$，即 x 与 y 之间存在一定的线性关系。当 $\gamma > 0$ 时，称 x 与 y 正线性相关，这时直线的斜率为正值，y 随着 x 的增加而增加；当 $\gamma < 0$ 时，称 x 与 y 负线性相关，这时直线的斜率为负值，y 随 x 的增加而减小。相关系数 γ 越接近 1，x 与 y 的线性相关程度越高。

d. $\gamma = 0$ 时，则表明 x 与 y 没有线性关系，但并不意味着 x 与 y 之间不存在其他类型的关系，如图 2-13(f) 所示，所以相关系数更精确的说法应该是线性相关系数。图 2-13 所示为不同的相关系数所代表的实验测量数据点分布情况。

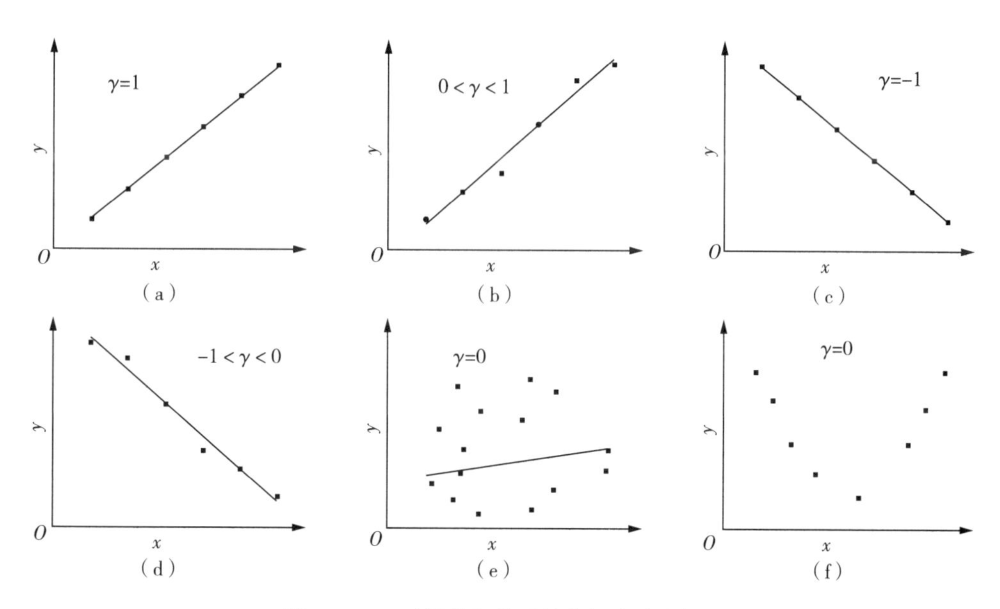

图 2-13 不同的相关系数数据点分布情况

【例 2-11】 试用相关系数检验法对例 2-9 中所求的回归直线进行显著性检验。

解：由例 2-9 可求得

$$L_{xx} = 80.4100346$$

$$L_{xy} = 51.3104945$$

$$L_{yy} = 32.75424232571428$$

$$\gamma=\sqrt{\frac{S_R}{S_T}}=\frac{L_{xy}}{\sqrt{L_{xx}L_{yy}}}=\frac{51.3104945}{\sqrt{80.4100346\times 32.75424232571428}}\approx 0.9998$$

因为 $n=7$，查相关系数检验表可得 $\gamma_{0.01,\ n-2}=\gamma_{0.01,\ 5}=0.0874$。由于 $\gamma=0.9998>\gamma_{0.01,\ 5}=00.0874$，所以得到的回归直线高度显著。

3. 一元非线性回归

遇到一元非线性问题，通常可以用 $y=f(x)$ 来描述。在很多情况下，可以根据适当的线性变化，将一元非线性问题转换为一元线性问题。

可以通过 6 个步骤解决：第一步，根据实验数据，在坐标系中画出散点图；第二步，根据画出的散点图找出 y 与 x 的函数关系；第三步，通过适当的变换变成线性关系；第四步，使用线性回归方法得出线性回归方程；第五步，用之前的函数关系求出要求的回归分析；第六步，进行显著性检验。

如果已经确定 y 与 x 的关系为非线性关系，可以省略第一步和第二步，如果不确定，就要按照上述步骤进行解决。这里简单介绍一下常用的非线性函数的特点。

第一种情况，如果 y 随着 x 最初增加(或减少)得很快，之后逐渐放慢并趋于稳定，这时可以选用双曲线函数；第二种情况，如果 y 随着 x 的变动不断递减，可以考虑对数函数；第三种情况，如果 y 随着 x 的渐增而急剧增大，可以考虑指数函数。还有其他函数需要在实际应用中使用，一些常用的非线性函数的线性化变换见表 2－16 所列。

表 2－16　线性变换表

函数类型	函数关系式	线性变换($Y=A+BX$)				备注
		Y	X	A	B	
双曲线函数	$\frac{1}{y}=a+\frac{b}{x}$	$\frac{1}{y}$	$\frac{1}{x}$	a	b	—
双曲线函数	$y=a+\frac{b}{x}$	y	$\frac{1}{x}$	a	b	—
对数函数	$y=a+b\lg x$	y	$\lg x$	a	b	—
对数函数	$y=a+b\ln x$	y	$\ln x$	a	b	—
指数函数	$y=ab^x$	$\lg y$	x	$\lg a$	$\lg b$	$\lg y=\lg a+x\lg b$
指数函数	$y=ab^{bx}$	$\ln y$	x	$\ln a$	b	$\ln y=\ln a+bx$
指数函数	$y=ae^{\frac{b}{x}}$	$\ln y$	$\frac{1}{x}$	$\ln a$	b	$\ln y=\ln a+\frac{b}{x}$
幂函数	$y=ax^b$	$\lg y$	$\lg x$	$\lg a$	b	$\lg y=\lg a+b\lg x$
幂函数	$y=a+bx^n$	y	x^n	a	b	
S 形曲线函数	$y=\frac{c}{a+be^{-x}}$	$\frac{1}{y}$	e^{-x}	$\frac{a}{c}$	$\frac{b}{c}$	$\frac{1}{y}=\frac{a}{c}+\frac{be^{-x}}{c}$

【例 2-12】 已知 t 与 BOD_t 之间存在下述关系：

$$\left(\frac{t}{BOD_t}\right)^{1/3}=(2.3k\times BOD_L)^{-1/3}+\frac{k^{2/3}}{3.43BOD_L^{1/3}}\times t$$

经实验得到见表 2-17 所列的一组数据，试求 BOD_L，k。

表 2-17 实验数据

t(d)	2	4	6	8	10
BOD_t(mg/L)	11	18	22	24	26

解：① 作散点图，并连成一光滑曲线，如图 2-14 所示。由题意得

$$\left(\frac{t}{BOD_t}\right)^{1/3}=(2.3k\times BOD_L)^{-1/3}+\frac{k^{2/3}}{3.43BOD_L^{1/3}}\times t$$

式中：BOD_t——第 t 天时的 BOD 值（mg/L）；

BOD_L——第一阶段的 BOD 值（mg/L）；

k——耗氧速率常数。

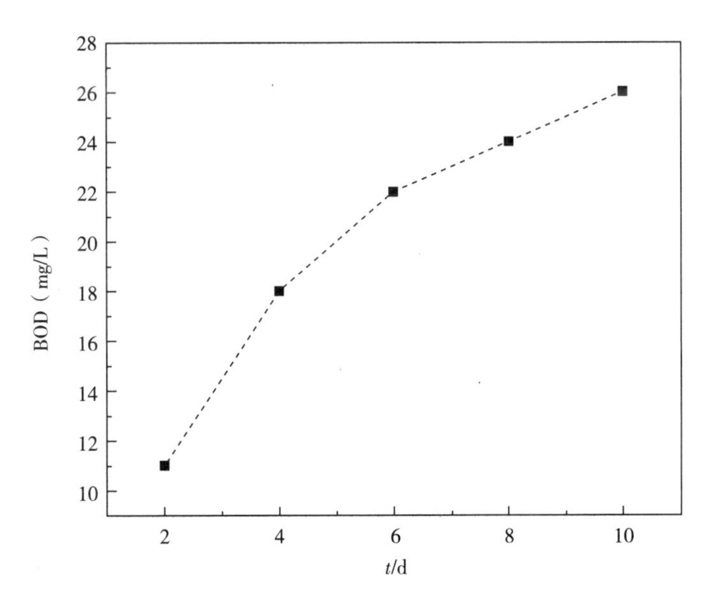

图 2-14 BOD 与 t 的关系曲线

② 变换变量，曲线改为直线。

令 $y=\left(\frac{t}{BOD_t}\right)^{1/3}$，则 $y=\left(\frac{t}{BOD_t}\right)^{1/3}=(2.3k\times BOD_L)^{-1/3}+\frac{k^{2/3}}{3.43BOD_L^{1/3}}\times t$。

由上式可知，y 与 t 呈直线关系，如图 2-15 所示，故先变换变量，见表 2-18 所列。

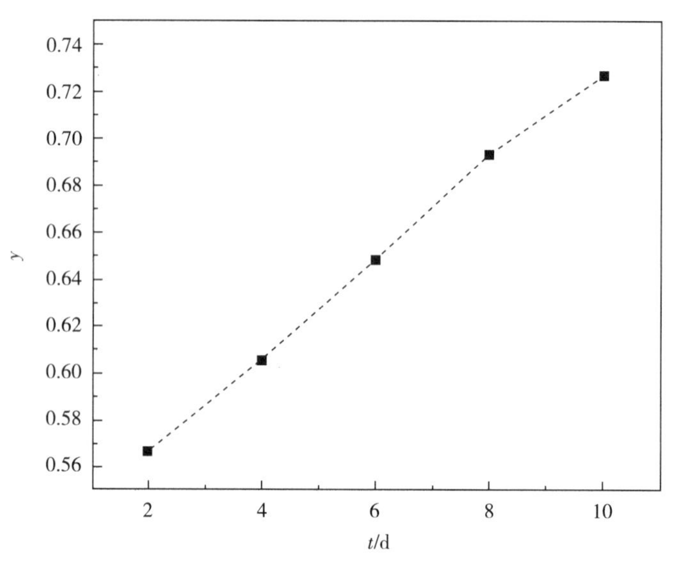

图 2-15　y 与 t 关系图

表 2-18　变换变量

t(d)	2	4	6	8	10
BOD_t（mg/L）	11	18	22	24	26
y	0.5665	0.6057	0.6485	0.6934	0.7272

③ 化 BOD 曲线为直线后，便可用线性回归方法求出回归线。

利用 Origin 软件得到 $y=0.52553+0.02045t$。

将 y 与 t 的方程与方程 $y=(2.3k\times BOD_L)^{-1/3}+\frac{k^{2/3}}{3.43BOD_L^{1/3}}\times t$ 相对应，得

$$k\approx 0.1011,\quad BOD_L\approx 29.6298\ mg/L$$

3 实验室基本常识

3.1 实验用水

将实验室分析时用到的水统称为分析实验室用水，简称“纯水”。纯水制备的原水一般为自来水，自来水内含有不同杂质，包括电解质、有机物、颗粒杂质、微生物、溶解气体等，根据杂质不同，选择去除的方法也不同，见表 3－1 所列。

表 3－1 实验用水情况一览表

杂质	分类	测定方法	去除方法
电解质	可溶解无机物、无机物、带电的胶体离子；阳离子：氢离子、钾离子、钠离子、镁离子、钙离子、铁离子等；阴离子：氢氧根离子、碳酸氢根、硫酸根、氯离子等	离子色谱、电导率	过滤
有机物	人工或天然合成的有机物质，如有机酸、有机金属化合物	COD（化学耗氧量）、TOC（总有机碳测定仪）	活性炭大孔树脂吸附、电渗析、反渗透、膜过滤、复床、离子交换、蒸馏
颗粒物质	泥沙、尘埃、有机物、胶体颗粒、微生物等	激光粒度分析仪	活性炭大孔树脂吸附、电渗析、反渗透、膜过滤、复床、离子交换、蒸馏
微生物	藻类、细菌、浮游生物	培养法或膜过滤法	活性炭大孔树脂吸附、紫外杀菌、膜过滤、超滤膜、过滤
溶解气体	氮气、氧气、氯气、氯化氢、一氧化碳等	气相色谱及化学法	活性炭大孔树脂吸附

一般实验室用蒸馏法制备纯水，但能耗大，不适于大量制备。

实验室高纯水制备方案：首先进行预处理，通过过滤、活性炭吸附去除悬浮物和有机物；其次为脱盐，通过电渗析、反渗透、离子交换等方法去除各种盐类；最后进行后处理，通过超滤膜、紫外杀菌、微孔滤膜等方法去除细菌、细颗粒等物质。

分析实验室用水，视外观应为无色透明液体，原水应为饮用水或适当纯度的水。实验室用水共分为三个级别：一级水、二级水和三级水，见表 3－2 所列。

表 3-2　分析实验室用水的水质规格

名称	一级	二级	三级
pH 值范围（25℃）	—	—	5.0～7.5
电导率（25℃）/（mS/m）	≤0.01	≤0.10	≤0.50
可氧化物质（以 O 计）/（mg/L）	—	≤0.08	≤0.4
吸光度（254 nm，1 cm 光程）	≤0.001	≤0.01	—
蒸发残渣（105 ℃±2 ℃）/（mg/L）	—	≤1.0	≤2.0
可溶性硅（以 SiO_2 计）/（mg/L）	≤0.01	≤0.02	—

注：① 由于在一级水、二级水的纯度下，难以测定其真实的 pH 值，因此，对一级水、二级水的 pH 值范围不做规定。

② 由于在一级水的纯度下，难以测定可氧化物质和蒸发残渣，对其限量不做规定，可用其他条件和制备方法来保证一级水的质量。

根据水的级别不同，用于不同实验要求。一级水用于有严格要求的分析实验，如电感耦合等离子体质谱仪分析用水，该实验用水对颗粒有要求；二级水主要用于无机衡量分析等实验，如火焰原子吸收光谱分析用水；三级水用于化学分析实验。

对三个级别的水的制备也不一样：三级水用蒸馏或离子交换等方式制取；二级水主要用多次蒸馏或离子交换等方式制取；一级水用二级水经过石英设备蒸馏或交换混床处理后，再经 0.2 μm 微孔滤膜过滤来制取。

实验室用水的储存容器，各级用水需要使用密闭的、专用的聚乙烯容器。三级水也可以使用密闭、专用的玻璃器皿。新容器在使用前需要用质量分数为 20％的盐酸溶液浸泡 2～3 d，再用所需级数水反复冲洗，并注满所需级数水浸泡 6 h 以上方可使用。

在实验室各级用水的储存期间，其污染的主要来源：一是容器可溶成分的溶解，二是空气中的二氧化碳，三是其他有可能污染的杂质。因此，要求一级水在使用前制备，不可储存；二级水和三级水可适量制备，分别保存在预先用同级别水清洗过的相应容器中。

3.2　试剂与试液

化学试剂是实验中不可缺少的物质，根据我国的国家标准或部分标准，将一般化学试剂分为四级，即一级品、二级品、三级品和四级品，见表 3-3 所列。

表 3-3　化学试剂的等级划分

级别	等级名称	代号	标签颜色	备注
一级	保证试剂、优级纯	GR	绿色	一般用于精密分析工作，环境分析用其配制标准溶液
二级	分析试剂、分析纯	AR	红色	一般用于配制定量分析中普通试液

（续表）

级别	等级名称	代号	标签颜色	备注
三级	化学试剂、化学纯	CP	蓝色	一般只用于定性、半定量中试液的配制，工业分析
四级	实验试剂	LR	棕色	只适用于一般化学实验用。

化学试剂还有一些其他表示方法：PT代表高纯物质，基准试剂，pH基准缓冲溶液；色谱纯试剂有两种表示，一种是GC，代表气相色谱专用，另一种是LC，代表液相色谱专用；LR代表实验试剂，标签为棕色；Ind代表指示剂；BR代表生化试剂，标签为咖啡色；BS代表生物染色剂，标签玫瑰红色；SP代表光谱纯试剂；特殊专用试剂用于特定监测项目等。

配制溶液时要根据溶液的特征，如空气、温度、光、杂质等，选择不同的容器进行保存。如硝酸银配制后要放在棕色的容器里，以防止氧化；有机溶剂在根据用量选择不同的使用量进行选择配制，因有机溶剂具有挥发性，配制使用的原液和使用液要严格按照要求进储存。

溶液配制浓度不同，规定储存的时间也不同，一般 10^{-3} mol/L可以存放一个月，10^{-4} mol/L可以存放一周左右，10^{-5} mol/L需要当天使用。因此一般将浓度高的溶液进行储存，使用较低浓度溶液时临时配制，配制完成的溶液要注明名称、日期、配制人员等信息。

3.3 玻璃仪器

3.3.1 玻璃仪器概况

玻璃仪器因具有热稳定性、化学稳定性、透明度、绝缘性能和一定的机械强度等，广泛地用于实验室。制作玻璃仪器的原料获取方便，可根据实验室的需求制作成不同形状。

玻璃的成分主要是 SiO_2，CaO，Na_2O，K_2O，同时可以加入 B_2O_3，Al_2O_3，ZnO等物质，使玻璃具有不同的性质和用途。玻璃的种类一般分为4种，即特硬玻璃、硬质玻璃、一般仪器玻璃和量器玻璃。特硬玻璃含有80.7%的 SiO_2，耐热急变温差大于270 ℃，一般用于制作耐热烧器；硬质玻璃含有79.1%的 SiO_2，耐热急变温差大于220 ℃，一般用于制作烧器产品；一般仪器玻璃耐热急变温差大于140 ℃，用于制作滴管、吸管及培养皿等；量器玻璃用于制作量器等。

玻璃仪器一般具有化学稳定性，不受一般酸、碱和盐的侵蚀，但HF酸对玻璃仪器有很强的腐蚀性，因此在做含有HF酸实验时，应该用其他材料仪器代替。

实验室有很多玻璃仪器，表3-4主要介绍一些通用的玻璃仪器的相关知识。

表 3-4 常用玻璃仪器一览表

名称	规格	主要用途	使用注意
(1) 烧杯(普通型、印标)	容量(mL):10,15,25,50,100,250,400,500,600,1000,2000	配制溶液、溶样等	加热时应置于石棉网上,使其受热均匀,一般不可干烧
(2) 三角烧瓶(锥形瓶)(具塞与无塞)	容量(mL):50,100,250,500,1000	加热处理试样和容量分析滴定	除有与上相同的要求外,磨口三角瓶加热时要打开塞,非标准磨口要保持原配塞
(3) 碘(量)瓶	容量(mL):50,100,250,500,1000	碘量法或其他生成挥发性物质的定量分析	同三角烧瓶
(4) 量筒 (5) 量杯	容量(mL):5,10,25,50,100,250,500,1000,2000,量出式、量入式	粗略地量取一定体积的液体	沿壁加入或倒出溶液,不能加热
(6) 容量瓶(量瓶)	容量(mL):5,10,25,50,100,200,250,500,1000,2000,量入式,无色,棕色	配制准确体积的标准溶液或被测溶液	非标准的磨口塞要保持原配,漏水的不能用;不能直接用火加热,可水浴加热
(7) 滴定管	容量(mL):5,10,25,50,100,无色、棕色,量出式,酸式,碱式(或聚四氟乙烯活塞)	容量分析滴定操作	活塞要原配;漏水的不能使用;不能加热;不能长期存放碱液;碱管不能存放与橡皮作用的标准溶液
(8) 移液管(单标线吸量管)	容量(mL):1,2,5,10,15,20,25,50,100,量出式	准确移取一定量的液体	不能加热,要洗净
(9) 漏斗	长颈(mm):口径50,60,75;管长150。短颈(mm):口径50,60;管长90,120;锥体均为60°	长颈漏斗用于定量分析,过滤沉淀;短颈漏斗用作一般过滤	不可直接用火加热
(10) 比色管	容量(mL):10,25,50,100,带刻度、不带刻度,具塞、不具塞	比色管用于分光度分析	光度分析不可直接火加热,非标准磨口塞必须原配; 注意保持管壁透明,不可用去污粉刷洗,以免磨伤透光面
(11) 干燥器	直径(mm):150,180,210,无色、棕色	保持烘干或灼烧过的物质的干燥;也可干燥少量样品	底部放变色硅胶或其他干燥剂,磨口处涂适量凡士林;不可将红热的物体放入,放入热的物体后要时时开盖以免盖子跳起

3.3.2 玻璃仪器的洗涤方法

在实验分析中，玻璃仪器的洗涤是分析实验中的第一步，玻璃仪器的干净程度关系实验分析数据的准确性和精密度，因此根据实验工作准确性和精密度的要求采取不同的仪器洗涤方法。根据不同情况，可以采用下面几种洗涤方法。

1. 水刷洗

可溶性物质和表面黏附的灰尘可以用毛刷（如试管刷、烧杯刷、平刷等）蘸水清洗，用水冲洗仪器，再使用纯水刷洗 3 遍。

2. 用肥皂等低泡沫洗涤液刷洗

对于含油的仪器，可以用洗涤液蘸水清洗，对于油污比较重的，可以用温热的洗涤剂短时间浸泡，冲洗洗涤剂后，再用自来水冲洗 3 遍。

对于小试管、滴管、移液管等不容易清洗的可以使用超声波清洗机超声几分钟，然后进行冲洗。

洗净的玻璃仪器，倒挂水流出来后且没有水珠挂壁时，再使用纯水刷洗 3 遍。

3. 各种洗涤液的使用

对于在实验过程中对精密度和准确度要求高的玻璃仪器，可以使用不同的洗涤液进行浸泡后清洗。注意在使用不同洗涤液进行清洗时，要先用一种洗涤液清洗后再用另外一种，防止交叉，造成生成产物更难清洗。常用的洗涤液及其配制、使用方法见表 3－5 所列。

表 3－5 常用的洗涤液及其配制、使用方法

洗涤液	配制方法	使用方法
铬酸洗液（尽量不用）	研细的重铬酸钾 20 g 溶于 40 mL 水中，慢慢加入 360 mL 浓硫酸	用于去除器壁残留油污，用少量洗液涮洗或浸泡，洗液可重复使用，洗涤废液经处理解毒后方可排放
工业盐酸	浓或 1＋1	用于洗去碱性物质及大多数无机物残渣
纯酸洗液	（1＋1），（1＋2）或（1＋9）的盐酸或硝酸（除去 Hg，Pb 等重金属杂质）	用于除去微量的离子，常将洗净的仪器浸泡于纯酸洗液中 24 h
碱性洗液	10％氢氧化钠＋水溶液	水溶液加热（可煮沸）使用，其去油效果较好；注意，煮的时间过长会腐蚀玻璃

洗涤液的使用要确保能有效地除去污染物，不引进新的干扰物质（特别是微量分析），又不能腐蚀器皿。强碱性洗液在玻璃器皿中停留不应超过 20 min，以免腐蚀玻璃。

铬酸洗液因毒性较大尽量不用，近年来大多以合成洗涤剂、有机溶剂等来去除油污，但有时仍要用铬酸洗液。

3.3.3 玻璃仪器的干燥和存放

实验开始之前，对玻璃仪器要洗净后保存，对于不同实验的保存条件要求不同，对于不急用且干燥要求一般的仪器，在洗净后放在无尘处倒置控干，也可放入带有透气孔的玻璃柜；对于急用的玻璃仪器，洗净后控去水分，并置于电烘箱内，烘箱温度设为105～120 ℃，时间为1 h左右。对于一些特殊用途的玻璃仪器，烘箱温度不宜过高，以防止烘裂；对于带有刻度的玻璃仪器，烘干温度不能超过150 ℃，以防引起容积的变化。对于急用的不便于烘干的玻璃仪器，也可以用吹风机吹干；对于有机实验的使用仪器，要确保无水，一般可以选择晾干，也可在真空干燥箱内进行烘干。

每次做完实验，把玻璃仪器洗净后按照不同类别进行存放，以备下次使用。移液管使用后洗净放入防尘盒；滴定管用完洗净后倒置于滴定管夹上。

4 实验内容

实验1 混凝沉淀实验

4.1.1 实验目的

（1）通过观察混凝实验现象及过程，了解混凝的净水机理及影响混凝的重要因素。

（2）掌握待处理水样最佳混凝条件（如投药量、pH值）的方法。

（3）测定计算反应过程中的G值和GT值，判断是否在合适范围内。

4.1.2 实验原理

化学混凝主要处理对象是水中的粒径小悬浮物或胶体物质。这些物质在水中长期处于游离状态，不易自然沉淀，从而使水一直处于浑浊状态。

胶粒在水中受到多个力的作用：一是带相同电荷之间的静电斥力，二是微粒在水中布朗运动，三是胶体之间的范德华引力作用，四是水化作用，胶粒表面形成一层水膜，阻止胶粒间的相互作用。

向水中投加混凝剂后：

（1）可以降低颗粒间的排斥能峰，降低胶粒的电位，实现胶粒“脱稳”。

（2）压缩双电层。

（3）能发生高聚物式高分子混凝剂的吸附架桥作用。

（4）网捕作用，而达到颗粒的凝聚。

整个过程经历3个阶段：混合、絮凝和沉淀。

（1）混合胶体脱稳混合时间T：10～30 s，最多不超过2 min。

（2）絮凝生成矾花，保证足够的絮凝。

（3）沉淀矾花与水分离，停止搅拌，静置。

4.1.3 实验仪器及试剂

1. 实验仪器

（1）智能型混凝实验搅拌仪。

（2）浊度仪（1台）。

（3）酸度计。

（4）秒表。

（5）烧杯。

（6）注射针筒。

（7）移液管。

（8）洗耳球。

2. 实验试剂

（1）PAC（10 g/L）。

（2）盐酸（HCl）。

（3）氢氧化钠（NaOH）（浓度 10%）。

（4）蒸馏水。

（5）实验用原水：取高岭土 40 g 配制水样 100 L 作为实验用原水。

4.1.4 实验内容

混凝实验分为 3 个条件，分别是最佳投药量、最佳 pH 值和最佳水流速度梯度。根据单因素实验，先固定一种搅拌速度和 pH 值，找出水样的最佳投药量；然后按照最佳投药量和一种搅拌速度得出混凝的最佳 pH 值；最后在最佳投药量、最佳 pH 值条件下，得出最佳的速度梯度。

1. 最佳投药量实验

在做最佳投药量实验之前，需要先做水样的最小投加量，即最初形成矾花的投加量，以此为基础，设置 6 个不同的混凝剂投加量。

（1）确定原水特征，即测定原水水样水温、浑浊度及 pH 值，温度和 pH 值都可以通过酸度计测定，浑浊度使用浊度计测定，记录数据到表中。

（2）确定形成矾花所用的最小混凝剂量。方法是通过慢速搅拌（50 r/min）烧杯中的 1000 mL 原水，并每次增加 0.5 mL 混凝剂投加量，直至出现矾花。此时的混凝剂量作为形成矾花的最小投加量。每次加 0.5 mL 时中间间隔一段时间，观察是否有矾花。做完这步后，记得清洗烧杯和搅拌棒。

（3）用 6 个 1000 mL 的烧杯，分别放入 1000 mL 实验用原水，置于实验搅拌仪平台上。

（4）确定实验时的混凝剂投加量。分别取最小混凝剂量的 1/2，1 倍，3/2，2 倍，3 倍，4 倍，并置于 1～6 号烧杯。

（5）对混凝搅拌设备进行编程，降下搅拌棒，分别用快速（300 r/min）搅拌 30 s、中速（100 r/min）搅拌 6 min、慢速（50 r/min）搅拌 6 min。

（6）停止仪器搅拌，抬起搅拌棒，静沉 5 min，通过烧杯上的橡皮管或水龙头放出上清液 100 mL 于烧杯中，立即用浊度仪测浊度，记入表中。在记录的过程中，注意观察矾花并记录矾花形成的时间及沉淀后的沉淀情况，沉淀情况可以用澄清、浑浊、较澄清、较浑浊等字样描述。在用浊度计测定时，对混匀水样再进行测量。

2. 最佳 pH 值实验

（1）用 6 个 1000 mL 的烧杯，分别放入 1000 mL 原水，置于混凝实验搅拌仪平台上（同实验 1）。

（2）确定原水特征（同实验 1）。

（3）调整原水 pH 值用移液管依次向 1 号、2 号、3 号水样烧杯中加入 3 mL，1.5 mL，0.5 mL 浓度内 10%的 HCl。依次向 5 号、6 号烧杯中分别加入 0.5 mL，1.0 mL 浓度内 10%的 NaOH。

（4）启动搅拌仪，快速搅拌 30 s，转速约 300 r/min。用酸度计测定水样的 pH 值，记入表中。

（5）利用仪器的加药管，向各烧杯中加入相同剂量的混凝剂（最佳量由实验 1 确定）。

（6）启动搅拌仪，快速搅拌 30 s，中速搅拌 6 min，慢速搅拌 6 min。

（7）关闭搅拌仪，静置沉淀 5 min，通过烧杯上的橡皮管或水龙头放出上清液 100 mL于烧杯中，立即用浊度仪测浊度。在用浊度计测定时，对混匀水样再进行测量，记入表中。

3. 混凝阶段最佳速度梯度实验

（1）按照最佳 pH 值实验和最佳投药量实验所得出的最佳混凝 pH 值和投药量，分别向 6 个装有 1000 mL 水样的烧杯中加入相同剂量的 HCl（或 NaOH）和混凝剂，置于实验搅拌仪平台上。

（2）启动搅拌仪快速搅拌 1 min，转速约 300 r/min，随即把其中 5 个烧杯移到别的搅拌仪上，1 号烧杯继续以 20 r/min 转速搅拌 20 min。其他各烧杯分别用 60 r/min，100 r/min，140 r/min，180 r/min，220 r/min 搅拌 20 min。

（3）关闭搅拌仪，静置 10 min，通过烧杯上的橡胶管或水龙头放出上清液 100 mL 于烧杯中，立即用浊度仪测浊度。在用浊度计测定时，对混匀水样再进行测量，记入表中。

注意事项：

（1）在最佳 pH 值、最佳投药量实验中，在向各烧杯中投加药剂时要求尽量同时投加，避免因时间间隔较长，而使各水样加药后反应时间长短相差太大，混凝效果悬殊。

（2）用移液管抽取上清液时不要扰动底部沉淀物。同时，尽量减少各烧杯抽吸的时间间隔。

4.1.5 实验结果整理

把实验基本信息原水特征记入表 4-1 中。

表 4-1 实验条件记录表格

<table>
<tr><td>实验小组号：</td><td>姓名：</td><td>实验日期：</td></tr>
<tr><td>混凝剂：</td><td colspan="2">混凝剂浓度：</td></tr>
<tr><td>原水浊度：</td><td>原水 pH 值：</td><td>原水温度（℃）：</td></tr>
<tr><td colspan="3">最小混凝剂量（mL）相当于（mg/L）：</td></tr>
</table>

1. 最佳投药量实验结果整理

（1）把混凝剂投加情况、沉淀后的剩余浊度记入表 4-2 中。

表 4-2 最佳混凝剂投加量

水样编号	1	2	3	4	5	6
投药量（mg/L）						
初矾花时间（min）						
矾花沉淀情况						
剩余浊度（NTV）						

（2）以沉淀水浊度为纵坐标、混凝剂加入量为横坐标，绘出浊度与药剂投加量关系曲线，并从图上找出最佳混凝剂投加量。

2. 最佳 pH 值实验结果整理

（1）把原水特征、混凝剂投加情况、酸碱加入情况、沉淀水浊度记入表 4-3 中。

表 4-3 最佳 pH 值

水样编号	1	2	3	4	5	6
HCL（mL）						
NaOH（mL）						
水样 pH 值						
剩余浊度（NTV）						

（2）以沉淀水浊度为纵坐标、水样 pH 值为横坐标，绘出浊度与 pH 值关系曲线，从图上找出所投加混凝剂的混凝最佳 pH 值及其使用范围。

3. 混凝阶段最佳速度梯度实验结果整理

（1）把搅拌速度、剩余浊度记入表 4-4 中。

表 4-4 最佳速度梯度

水样编号	1	2	3	4	5	6
搅拌速度（r/min）						
剩余浊度（NTV）						

（2）以沉淀水浊度为纵坐标、速度梯度 G 值为横坐标，绘出浊度与 G 值关系曲线，从曲线中找出所加混凝剂混凝阶段适宜的 G 值范围。

4.1.6 思考题

（1）根据最佳投药量实验曲线，分析沉淀水浊度与混凝剂投加量的关系。

（2）为什么投药量最大时，混凝效果不一定最好？

（3）本实验与水处理实际情况有哪些差别？如何改进？

实验2 自由沉淀实验

4.2.1 实验目的

（1）加深对自由沉淀特点、基本概念及沉淀规律的理解。

（2）掌握颗粒自由沉淀实验的方法；了解用累计沉泥量方法计算杂质去除率的原理和基本实验方法。

（3）对实验数据进行分析、整理、计算和绘制颗粒自由沉淀曲线。

（4）分析颗粒物粒径分布与沉淀物去除率的关系。

4.2.2 实验原理

非絮凝性或弱絮凝性固体颗粒在稀悬浮液中的沉淀，属于自由沉淀。由于悬浮固体浓度低，而且颗粒之间不发生聚集，因此在沉降过程中颗粒的形状、粒径和密度均保持不变，互不干扰且各自独立完成匀速沉降过程。自由沉淀实验一般在沉淀柱里进行，其直径 D 应足够大，一般应使 $D \geqslant 100\ \text{mm}$，以免颗粒沉淀受柱壁干扰。

在沉淀柱内，颗粒物的总去除率为

$$E=(1-P_0)+\frac{1}{u_i}\int_0^{P_0} u\mathrm{d}P \tag{4-1}$$

式中：E—— 总去除率；

P_0—— 沉速小于 u_i 的颗粒在全部悬浮颗粒中所占的百分数；

$1-P_0$—— 沉速大于或等于 u_i 的颗粒去除百分数；

u_i—— 某一指定颗粒的最小沉降速度；

u—— 小于最小沉降速度 u_i 的颗粒沉速。

公式推导如下：

设在一水深为 H 的沉淀柱内进行自由沉淀实验，如图4-1所示。实验开始时，沉淀时间为0，此时沉淀柱内悬浮物分布是均匀的，即每个断面上颗粒的数量与颗粒的组成相同，悬浮物浓度为 C_0（mg/L），此时去除率 $E=0$。

实验开始后，不同沉淀时间 t_i，颗粒沉淀速度 u_i 相应为

$$u_i=\frac{H}{t_i} \tag{4-2}$$

u_i 即 t_i 时间内从水面下沉到池底（此处为取样点）的最小颗粒粒径 d_i 所具有的沉速。此处取样点初水样悬浮物浓度为 C_i，而

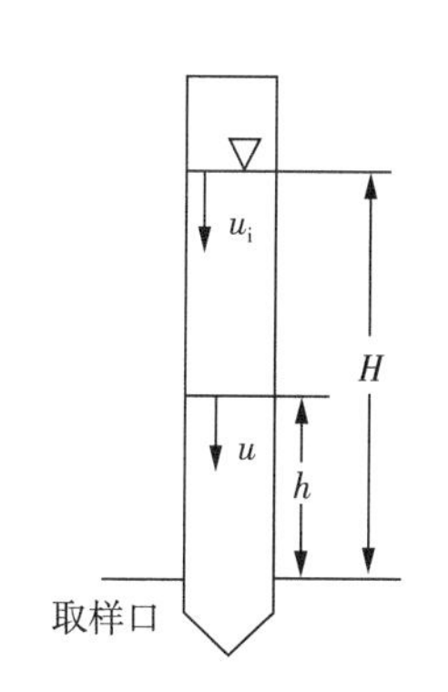

图4-1 自由沉淀示意图

$$\frac{C_0 - C_i}{C_0} = 1 - \frac{C_i}{C_0} = 1 - P_i = E_0 \tag{4-3}$$

此时的去除率 E_0 表示具有沉速 u 大于等于 u_i（粒径 $d \geqslant d_i$）的颗粒去除率，而

$$P_i = \frac{C_i}{C_0} \tag{4-4}$$

则反映了在 t_i 时，未被去除的颗粒，即 $d < d_i$ 的颗粒所占的百分比。

实际上，沉淀时间 t_i 内，在水中沉至柱底的颗粒是由两部分颗粒组成，即沉速 $u \geqslant u_i$ 的那部分颗粒能全部沉至柱底。除此之外，颗粒沉速 $u < u_i$ 的那部分颗粒，也有一部分能沉至柱底。这是因为，这部分颗粒虽然粒径很小，沉速 $u < u_i$，但是这部分颗粒并不都在水面，而是均匀地分布在整个沉柱的高度内，因此，只要在水面以下，它们下沉至池底所用的时间少于或等于具有沉速 u_i 的颗粒由水面降至池底所用的时间 t_i，那么这部分颗粒也能从水中被除去。

沉速 $u < u_i$ 的那部分颗粒虽然有一部分能从水中去除，但其中也是粒径大的沉到柱底的多，粒径小的沉到柱底的少，各种粒径颗粒去除率并不相同。因此若能分别去除各种粒径的颗粒占全部颗粒的百分比，并求出粒径在时间 t_i 内能沉至柱底的颗粒占本粒径颗粒的百分比，则二者乘积即此粒径颗粒在全部颗粒中的去除率。如此分别求出 $u < u_i$ 的那些颗粒的去除率，相加后即可得这部分颗粒的去除率。

因为 t_i 内能被去除的部分占这种颗粒总数的分数为

$$\frac{h}{h} = \frac{h/t_i}{H/t_i} = \frac{u}{u_i} \tag{4-5}$$

故这种粒子的去除量占全部粒子的分数为

$$\frac{u}{u_i} \mathrm{d}P = \frac{h}{H} \mathrm{d}P \tag{4-6}$$

式中：$\mathrm{d}P$—— 粒径小于 d_i 的某种颗粒占全部颗粒的百分比。

全部粒子中的 $u \leqslant u_i$ 部分的粒子的去除率为

$$\int_0^{P_i} \frac{u}{u_i} \mathrm{d}P = \int_0^{P_i} \frac{h}{H} \mathrm{d}P \tag{4-7}$$

因此，全部固体中的 t_i 内可去除的分数（去除率）为

$$E = (1 - P_0) + \frac{1}{u_i} \int_0^{P_0} u \mathrm{d}P$$

工程中常用的计算去除率的公式：

$$E = (1 - P_0) + \frac{\sum \Delta P \times u}{u_i} \tag{4-8}$$

本次实验数据处理采用式（4-8）。

实验室粒径分析常用激光粒度分析仪进行。

4.2.3 实验设备与材料

（1）自由沉淀装置。

（2）计时用秒表。

（3）测定悬浮物（SS）的相关仪器：电子天平；恒温烘箱；量筒；三角瓶；漏斗；玻璃棒；带盖称量瓶；干燥器。其他：移液管、定量滤纸等。

（4）激光粒度分析仪。

4.2.4 实验方法与操作

（1）准备滤纸；恒重后测滤纸质量，记入表中。

（2）准备预测水样。

（3）将水从低位水箱打入高位水箱。

注意：关闭放空阀门。

（4）启动高位水箱中的搅拌装置。

注意：所加水的液面的高度要高于搅拌桨。

（5）打开进水管及沉淀柱底部的放空阀门，适当冲洗管路中的沉淀物。

（6）稍后，关闭放空阀门，工作水深为 1.35 m 时，关闭进水阀门；同时启动秒表记录时间，沉淀实验开始。

注意：水面不能没过溢流口。

（7）当沉淀为 0 min，2 min，5 min，10 min，15 min，30 min，40 min，50 min，60 min时，用量筒在取样口处取水样 100 mL 测 SS；用小烧杯取少量相同的水样用于测粒径；在每次取样前后读出水面高度 h。

注意：取水样时，需先放掉一些水，以便冲洗样口处的沉淀物。

（8）用定量滤纸分别过滤 9 个水样。待定量滤纸内没有明显水滴后将滤纸折叠并放入干净的托盘中。

（9）将过滤后的滤纸放在恒温烘箱中，调节温度为 100～105 ℃，干燥 2～3 h。

（10）取出定量滤纸，放在干燥器中冷却至室温称重。

（11）取上述小烧杯中的水样进行粒度的测定。

4.2.5 实验数据处理

1. 实验基本参数整理

实验基本情况记入表 4－5 中。

表 4－5 实验基本情况

实验日期：	水样性质及来源：
沉淀柱直径（m）：	沉淀柱高（m）：
水温（℃）：	原水悬浮物浓度 C_0（mg/L）：

2. 数据记录

颗粒自由沉淀实验记录记入表 4－6 中，实验原始数据整理记入表 4－7 中。

表 4－6 颗粒自由沉淀实验记录

静沉时间 t (min)	称量瓶号	称量瓶＋滤纸（g）	水样体积（mL）	瓶＋滤纸＋SS（g）	水样 SS 质量（g）	SS 浓度（mg/L）	沉淀高度（m）
0							
2							
5							
10							
15							
30							
40							
50							
60							

表 4－7 实验原始数据整理

沉淀高度	1.00 m								
沉淀时间（min）	0	2	5	10	15	30	40	50	60
水样 SS（mg/L）									
SS 去除率（%）									
未被去除颗粒百分比 P_i（%）									
颗粒沉速（mm/s）									

表中不同沉淀时间 t_i 时，沉淀柱内未被去除的悬浮物的百分比及颗粒沉速分别按式（4－9）、式（4－10）计算：

$$P_i = \frac{C_i}{C_0} \times 100\% \tag{4-9}$$

式中：C_0——原水中 SS 浓度值（mg/L）；

C_i——某沉淀时间后，水样中 SS 浓度值（mg/L）。

$$u_i = \frac{H}{t_i} \tag{4-10}$$

3. 绘制曲线

以颗粒沉速 u 为横坐标，P 为纵坐标，在 Origin 软件上绘制 $u-P$ 关系曲线。

4. 计算

利用图解法（表 4-8）计算不同沉速时，悬浮物的去除率。

表 4-8 悬浮物去除率 E 的计算

序号	u_i	P_i	$1-P_i$	ΔP	u	$u\times\Delta P$	$\sum u\times\Delta P$	$(\sum u\times\Delta P)/u$	$E=(1-P_0)+\frac{\sum\Delta P\times u}{u_i}$

5. 结果整理及呈现

根据上述计算结果，以 E 为纵坐标，分别以 u 及 t 为横坐标，绘制 $u-E$，$t-E$ 关系曲线。

4.2.6 注意事项

（1）向沉淀柱内进水时，速度要适中，既要较快完成进水，以防进水中一些较重颗粒沉淀，又要防止速度过快造成柱内水体紊动，影响静沉实验效果。

（2）取样前，一定要记录管中水面至取样口的距离（以 cm 计）。

（3）取样时，先排除管中积水而后取样。

（4）测定悬浮物时，因颗粒较重，从烧杯取样要边搅边吸，以保证水样均匀。贴于移液管壁上的细小的颗粒一定要用蒸馏水洗净。

4.2.7 思考题

试述绘制自由沉淀静沉曲线的方法和意义。

实验3 臭氧脱色实验

4.3.1 实验目的

（1）熟悉臭氧制备装置及臭氧脱色的工艺流程。

（2）掌握臭氧脱色的实验方法。

（3）验证臭氧脱色效果。

4.3.2 实验原理

臭氧与废水中的有机物反应主要通过两个途径：臭氧分解产生羟基自由基（—OH）及直接氧化反应。

臭氧氧化过程经废液中某些溶解物质诱发，而产生一系列自由基，如 O_2^-，O_3^-，HO_2^-，OH^- 等，新生态的自由基与废液中的有机物上的生色基团和双键快速发生化学反应。

臭氧是一种强氧化剂，氧化能力仅次于氟，其氧化还原反应式和标准电极电位为

$$O_3 + 2H^+ + 2e^- = O_2 + H_2O,\ E_0 = +2.07\ (V) \qquad (4-11)$$

废液中的色素多为有机物，臭氧可以迅速氧化分解这些有机物，从而达到脱色的目的。根据标准色列，用分光光度法对色度进行测量。

4.3.3 实验仪器

（1）臭氧机。

（2）臭氧脱色反应装置。

（3）其他：洗耳球（1个）；塑料软管（1根）；曝气头（1个）；烧杯（若干）；分光光度仪（1台）。

4.3.4 实验步骤

1. 绘制测定色度的标准曲线

水的色度单位是度，即在每升溶液中含有2 mg六水合氯化钴（Ⅱ）（相当于0.5 mg钴）和1 mg铂[以六氯铂（Ⅳ）酸的形式]时产生的颜色为1度。

（1）标准储备液的配置

将0.0437 g重铬酸钾和1.000 g硫酸钴溶于少量水中，加入0.5 mL浓硫酸，定容至500 mL。此溶液色度为500度。

（2）测定标准色度

分别取1 mL，2 mL，3 mL，5 mL，8 mL，10 mL，15 mL上述溶液于比色管中，

定容，测出其吸光度。绘制标准曲线。

(3) 绘制测定色度的标准曲线

以各比色管中液体的吸光度为横坐标，所代表的色度值为纵坐标作图。

2. 熟悉装置

熟悉装置流程、仪器设备和管路系统，并检查连接是否完好。

3. 配置带色水样

用染色剂配置带色水样，将其倒入反应装置至一定体积。

4. 脱色率与时间的关系的确定

先开启制氧按钮，再开启臭氧按钮。调节臭氧流量为 1 L/min。使臭氧通过塑料管和砂芯头而进入反应柱内，与水广泛接触（气泡越细越好）。

分别在 0 s，30 s，60 s，90 s 时，关闭按钮。利用软管和吸耳球抽取反应装置内中部被脱色的水，抽取 50 mL 放入烧杯，测吸光度。

注意：烧杯放在地上，用虹吸原理进行。

5. 脱色率与臭氧流量的关系

用同样装有原水的柱子，将臭氧流量计分别调节 2 L/min，3 L/min，4 L/min。在 30 s 时关闭按钮；取柱中间部分水 50 mL，进行测定。

6. 反应柱内不同反应段脱色率的比较

(1) 将反应柱平均分为 3 段。

(2) 打开臭氧机，调节流量为 3 L/min，1 min 后，在每段的中部取 50 mL 水样测定。

4.3.5 实验数据处理

记录以上所得的吸光度，并由标准曲线来确定其对应的色度。

绘制以下曲线：

(1) 脱色率与时间的关系曲线。

(2) 脱色率与臭氧流量的关系曲线。

(3) 脱色率与段数的关系曲线。

臭氧脱色率计算公式如下：

$$w=\frac{A_0-A_1}{A_0}\times 100\% \tag{4-12}$$

式中：A_0——臭氧处理前水样的色度；

A_1——臭氧处理后水样的色度。

4.3.6 注意事项

(1) 在实验前熟悉实验装置，了解各阀门及仪表用途。臭氧有毒性。设备高压电有危险，设备不能有水，要切实注意安全。不清楚如何操作时，不能乱动。

(2) 通电后，先开制氧按钮，再开臭氧按钮。

（3）关闭时，先关臭氧按钮，再关制氧按钮。

（4）尾气需要用 KI（或 $Na_2S_2O_3$）进行吸收，防止对人体产生危害。由于实验用量较小，一般无须做处理。

（5）实验完毕后，首先切断发生器的电源，关闭有关阀门，若发现问题，不要慌张，立刻停掉电源，再做处理。

实验4 絮凝沉淀实验

在絮凝沉淀的过程中，沉淀颗粒也会发生凝聚，凝聚的程度受很多因素的影响，如悬浮固体浓度、颗粒尺寸、沉淀池深和颗粒在沉淀池中的速度等，这些变量须通过沉淀实验确定。

4.4.1 实验目的

(1) 了解絮凝沉淀的特点和规律。

(2) 掌握絮凝沉淀的实验方法和实验数据的整理方法。

4.4.2 实验原理

对于絮凝沉淀，悬浮物浓度一般为50～500 mg/L。由于颗粒之间相互碰撞使凝聚不断增大，沉降速率是不断变化的过程，因此絮凝沉淀颗粒的沉降是一个变速沉降过程。在实验中所说的絮凝沉淀的沉速是该颗粒的平均沉淀速度。在计算去除率的过程中，不仅要考虑颗粒的沉降速度，还要考虑沉淀的有效水深。

絮凝沉淀计算去除率的思路与自由沉淀思想基本一致，但方法不同。自由沉淀采用的是累计曲线计算法，絮凝沉淀采用的则是纵深分析法。在沉淀柱的不同深度设有取样口。实验时，在不同的沉淀时间，从取样口取出水样，测定悬浮物的浓度，并计算出悬浮物的去除百分率。然后将这些去除百分率点绘于相应的深度与时间的坐标上，并绘出等效率曲线，最后借助这些等效率曲线计算对应于某一停留时间的悬浮物去除率。

4.4.3 实验设备与试剂

(1) 絮凝沉淀设备：直径 $D \geqslant 100$ mm，高 $H = 1.9$ m，不同高度有不同的取样口，总共6套，实验设备示意图如图4-2所示。

(2) 烧杯。

(3) 滤纸。

(4) 水样：配置含高岭土（100 mg/L）的原水。

(5) PAC（聚合氯化铝）。

4.4.4 实验步骤

(1) 检查整套设备是否完整，清扫配水箱及DN100柱内的杂物，先用清水放满试漏，再将电源接上。

(2) PVC配水箱先放满自来水，计算水箱体积，投加100 mg/L高岭土（药品已经称好，溶解后倒入水箱内)。

(3) 开启高位水箱搅拌机。

(4) 在高位水箱内按 500～700 mg/L 的浓度配制实验水样（称取 36 g PAC，用烧杯先溶解后再倒入高位水箱)。

(5) 迅速搅拌 1～2 min，然后缓缓搅拌。

(6) 矾花形成后取 100 mL 测定 SS。打开旋塞把水样注入沉淀柱。

(7) 水样注入到 1.8 m 处时，关闭旋塞。

(8) 用定时钟定时，10 min 后在 3 个取样口同时取 100 mL 水样，并测定各样品的 SS。

(9) 在第 10 min，20 min，30 min，45 min，60 min，80 min 各取一次水样，每次都是四个取样口同时取 100 mL 水样，并测定各样品的 SS。

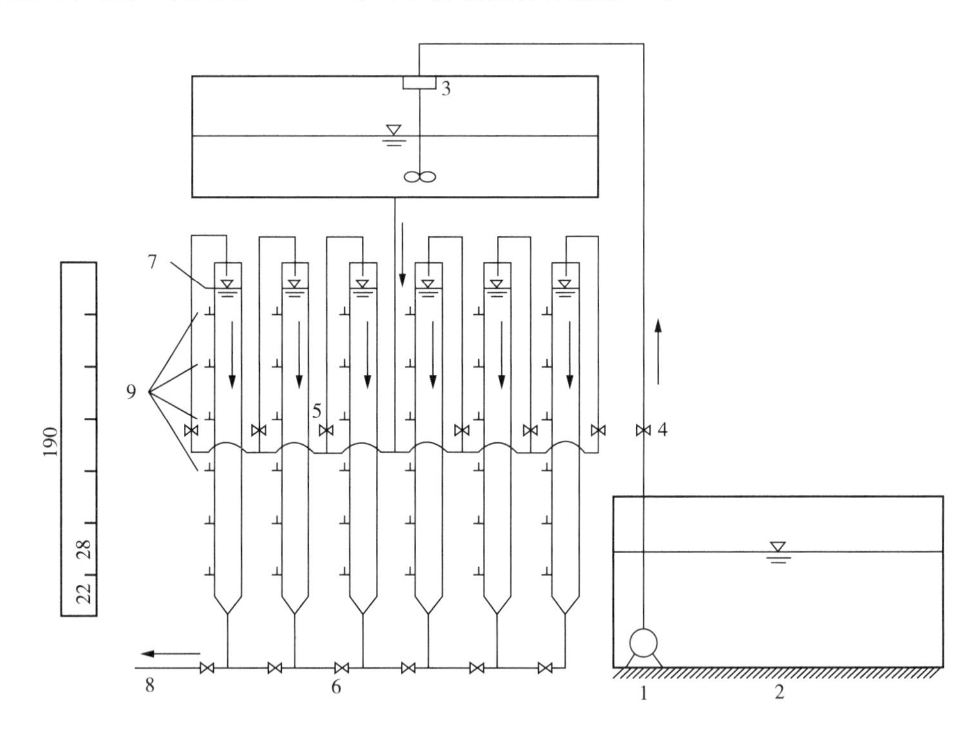

1—水泵；2—水池；3—搅拌装置；4—水泵循环管阀门；5—各沉淀柱进水阀门；6—各沉淀柱放空阀门；7—溢流孔；8—放水管；9—取样口。

图 4-2 实验设备示意图

4.4.5 注意事项

(1) 由于絮凝沉淀的悬浮物去除率与沉淀池的深度有关，所以实验用的沉淀柱的高度应与拟采用的实际的沉淀池的高度相同。

(2) 水样注入沉淀柱速度不能太快，要避免矾花搅动影响测定结果的正确性。也不能太慢，以免在实验开始前发生沉淀。

4.4.6 实验结果与处理

实验基本参数整理如下。

水样性质及来源：________。

沉淀柱直径：________（m）。

原水悬浮物浓度 C_0：________（mg/L）。

（1）记录实验操作条件：滤浆种类和浓度、过滤面积、操作压强等。

（2）列出实验记录和数据整理表，见表 4－9 所列。

表 4－9 实验记录和数据整理表

<table>
<tr><th>柱号（号）</th><th>沉淀时间（min）</th><th>取样编号</th><th>SS（mg/L）</th><th>取样点有效水深（m）</th><th>备注</th></tr>
<tr><td rowspan="4">1</td><td rowspan="4">10</td><td>1—1</td><td></td><td></td><td></td></tr>
<tr><td>1—2</td><td></td><td></td><td></td></tr>
<tr><td>1—3</td><td></td><td></td><td></td></tr>
<tr><td>1—4</td><td></td><td></td><td></td></tr>
<tr><td rowspan="4">2</td><td rowspan="4">20</td><td>1—1</td><td></td><td></td><td></td></tr>
<tr><td>1—2</td><td></td><td></td><td></td></tr>
<tr><td>1—3</td><td></td><td></td><td></td></tr>
<tr><td>1—4</td><td></td><td></td><td></td></tr>
<tr><td rowspan="4">3</td><td rowspan="4">30</td><td>1—1</td><td></td><td></td><td></td></tr>
<tr><td>1—2</td><td></td><td></td><td></td></tr>
<tr><td>1—3</td><td></td><td></td><td></td></tr>
<tr><td>1—4</td><td></td><td></td><td></td></tr>
<tr><td rowspan="4">4</td><td rowspan="4">45</td><td>1—1</td><td></td><td></td><td></td></tr>
<tr><td>1—2</td><td></td><td></td><td></td></tr>
<tr><td>1—3</td><td></td><td></td><td></td></tr>
<tr><td>1—4</td><td></td><td></td><td></td></tr>
<tr><td rowspan="4">5</td><td rowspan="4">60</td><td>1—1</td><td></td><td></td><td></td></tr>
<tr><td>1—2</td><td></td><td></td><td></td></tr>
<tr><td>1—3</td><td></td><td></td><td></td></tr>
<tr><td>1—4</td><td></td><td></td><td></td></tr>
<tr><td rowspan="4">6</td><td rowspan="4">80</td><td>1—1</td><td></td><td></td><td></td></tr>
<tr><td>1—2</td><td></td><td></td><td></td></tr>
<tr><td>1—3</td><td></td><td></td><td></td></tr>
<tr><td>1—4</td><td></td><td></td><td></td></tr>
</table>

3. 计算出不同水深处、不同沉降时间时，固体悬浮物的表观去除率 E，即

$$E = [(C_0 - C_1)/C_0] \times 100\% \quad (4-13)$$

将浓度及去除率记入表 4-10 中。

表 4-10 浓度及去除率

沉淀时间（min）	不同水深处样品的质量浓度（C）及表观去除率（E）					
	0.28 m		0.84 m		1.12 m	
	C（mg/L）	E（%）	C（mg/L）	E（%）	C（mg/L）	E（%）
10						
20						
30						
40						
50						
60						
80						

根据计算结果，以沉降时间 t 为横坐标，表观去除率 E 为纵坐标，绘出不同沉降水深时表观去除率与沉降时间的关系曲线。

（4）绘出悬浮物的等去除率曲线。

方法：先在曲线图的纵坐标上找到某些特定的去除率，如 5%，10%，20%，30%，40%，50%，60%，70%，再找到不同水深处达到这些去除率所对应的沉降时间。将去除率及时长记入表 4-11 中。

表 4-11 去除率及时长

表观去除率（%）	不同水深达到去除率所需的时间（min）		
	0.28 m	0.84 m	1.12 m
5			
10			
20			
30			
40			
50			
60			
80			

以水深为纵坐标、沉降时间为横坐标，绘出各点，再把各点连接起来，即可得到等去除率曲线，按照式（4-14）计算指定深度和沉降时间悬浮物总去除率 E_t：

$$E_t = \frac{\Delta h_1}{H} \times \frac{E_1 + E_2}{2} + \frac{\Delta h_2}{H} \times \frac{E_2 + E_3}{2} + \frac{\Delta h_n}{H} \times \frac{E_n + E_{n+1}}{2} \quad (4-14)$$

式中：H——指定的水深；

E_i——过指定沉降时间点，与时间轴垂直的直线与等去除率曲线的交点的去除率数值；

E_1——在横坐标上找到指定的沉降时间与指定沉降深度的交点；

Δh_i——两相邻等去除率曲线之间水深的差值。

4.4.7 思考题

（1）实际工程中，哪些沉淀属于絮凝沉淀？

（2）观察絮凝沉淀现象，并试述与自由沉淀现象的不同之处，所用实验方法有何区别。

实验5 离子交换实验

离子交换法可以去除或交换水中溶解的无机盐、降低水中的硬度、碱度和制取无离子水。本实验通过实验装置的运转，进行离子交换脱碱软化和除盐。

4.5.1 强酸性阳离子交换树脂交换容量的测定

1. 实验目的

(1) 加深对离子交换基本理论的理解。

(2) 了解并掌握离子交换装置的运行和操作方法。

(3) 学会离子交换树脂交换容量的测定。

(4) 了解离子交换树脂理论交换容量和工作交换容量的概念。

2. 实验装置的工作原理

交换容量是交换树脂最重要的性能指标，它定量地表示树脂交换能力的大小。树脂交换容量在理论上可以从树脂单元结构式粗略地计算出来。以强酸性苯乙烯系阳离子交换树脂为例：单位结构式中共有8个C原子，8个H原子，3个O原子，1个S原子，其相对分子质量为184.2。其中只有强酸基团SO_3H中的H遇水电离形成H^+可以交换，即每184.2 g干树脂中只有1 g可交换离子。

强酸性阳离子交换树脂交换容量测定前，须对树脂进行预处理，即用酸碱轮流浸泡，以去除树脂表面可溶性杂质。测定阳离子交换树脂交换容时，量常采用碱滴定法，用酚酞作指示剂，按下式计算交换容量：

$$E=\frac{NV}{W\times \text{固体含量}\%}\left(\frac{\text{mmol}}{\text{g}}\text{干氢树脂}\right)$$

式中：N——NaOH标准溶液的浓度（mmol/mL）。

V——NaOH标准溶液的用量（mL）。

W——样品湿树脂质量（g）。

3. 实验设备与试剂

(1) 电子天平。

(2) 烘箱。

(3) 干燥器。

(4) 三角烧瓶。

(5) 移液管。

(6) 强酸性阳离子交换树脂。

(7) 1 mol/L H_2SO_4溶液1000 mL。

(8) 1 mol/L HCl溶液1000 mL。

(9) 1 mol/L NaOH溶液1000 mL。

(10) 0.5 mol/L NaCl溶液1000 mL。

(11) 1%酚酞乙醇溶液。

4. 实验步骤

(1) 强酸性阳离子交换树脂的预处理

取样品约 10 g，用 1 mol/L H_2SO_4 或 1 mol/L HCl 与 1 mol/L NaOH 轮流浸泡，即按酸—碱—酸—碱—酸顺序浸泡 5 次，每次 2 h，浸泡液体积为树脂体积的 2～3 倍。在酸碱互换时应用 200 mL 去离子水进行洗涤。5 次浸泡结束后用去离子水洗涤到溶液呈中性。

(2) 测强酸性阳离子交换树脂固体含量（%）

称取双份 1.0000 g 的样品，将其中一份放入 105～110 ℃烘箱中约 2 h，烘干至恒重后放入氯化钙干燥器中冷却至室温，称重，记录干燥后的树脂质量。

$$固体含量=\frac{干燥后的树脂质量}{样品质量}\times 100\%$$

(3) 强酸性阳离子交换树脂容量的测定

将一份 1.0000 g 的样品置于 250 mL 三角烧瓶中，加入 0.5 mol/L NaCl 溶液 100 mL摇动 5 min，放置 2 h 后加入 1%酚酞指示剂 3 滴，用标准 NaOH 溶液进行滴定，至呈微红色且 15 s 不褪色，即终止。记录 NaOH 标准溶液的物质的量浓度及用量，测定记录见表 4-12 所列。

表 4-12 强酸性阳离子交换树脂容量测定记录

湿树脂样品质量 W（g）	干燥后的树脂质量 W_1（g）	树脂固体含量（%）	NaOH 标准溶液的物质的量浓度（mol/L）	NaOH 标准溶液的用量 V（mL）	交换容量（mmol/g 干氢树脂）

5. 实验结果整理

(1) 根据实验测定数据计算树脂固体含量。

(2) 根据实验测定数据计算树脂交换容量。

6. 注意事项

(1) 在操作过程中，要认真仔细。

(2) 烘干时一定要按规定调节温度。

4.5.2 软件实验

1. 实验目的

(1) 熟悉顺流再生固定床运行操作过程。

(2) 加深对钠离子交换基本理论的理解。

2. 实验原理

当含有钙盐及镁盐的水通过装有阳离子交换树脂的交换器时，水中的钙离子及镁离子便与树脂中的可交换离子（Na^+或 H^+）交换，使水中钙离子、镁离子含量降低或基本上全部去除，这个过程称为水的软化。树脂失效后要进行再生，即把树脂上吸附的钙离子、镁离子置换出来，代之以新的可交换离子。钠离子交换用 NaCl 再生、氢离子交换用 HCl 或 H_2SO_4 再生。

（1）钠离子交换

$$2RNa+\left\{\begin{matrix}Ca(HCO_3)_2\\CaCl_2\\CaSO_4\end{matrix}\right\}\rightarrow R_2Ca+\left\{\begin{matrix}2NaHCO_3\\2NaCl\\Na_2SO_4\end{matrix}\right.$$

软化

$$2RNa+\left\{\begin{matrix}Mg(HCO_3)_2\\MgCl_2\\MgSO_4\end{matrix}\right\}\rightarrow R_2Mg+\left\{\begin{matrix}2NaHCO_4\\2NaCl\\Na_2SO_4\end{matrix}\right.$$

再生

$$R_2Ca+2NaCl\rightarrow 2RNa+CaCl_2$$

$$R_2Mg+2NaCl\rightarrow 2RNa+MgCl_2$$

（2）氢离子交换

$$2RH+\left\{\begin{matrix}Ca(HCO_3)_2\\CaCl_2\\CaSO_4\end{matrix}\right\}\rightarrow R_2Ca+\left\{\begin{matrix}2H_2CO_3\\2HCl\\H_2SO_4\end{matrix}\right.$$

软化

$$2RH+\left\{\begin{matrix}Mg(HCO_3)_2\\MgCl_2\\MgSO_4\end{matrix}\right\}\rightarrow R_2Mg+\left\{\begin{matrix}2H_2CO_4\\2HCl\\H_2SO_4\end{matrix}\right.$$

再生

$$R_2Ca+\left\{\begin{matrix}2HCl\\H_2SO_4\end{matrix}\right\}\rightarrow 2RH+\left\{\begin{matrix}CaCl_2\\CaSO_4\end{matrix}\right.$$

$$R_2Mg+\left\{\begin{matrix}2HCl\\H_2SO_4\end{matrix}\right\}\rightarrow 2RH+\left\{\begin{matrix}MgCl_2\\MgSO_4\end{matrix}\right.$$

钠离子交换最大优点是不出酸性水，但不能脱碱；氢离子交换能去除碱度，但出酸性水。本实验采用钠离子交换。

3. 实验设备与试剂

（1）软化装备1套，如图4－3（a）所示。

（2）量筒（100 mL，1个）、秒表1块（控制再生液流量用）。

（3）钢卷尺（2 m，1个）。

（4）NaCl 溶液。

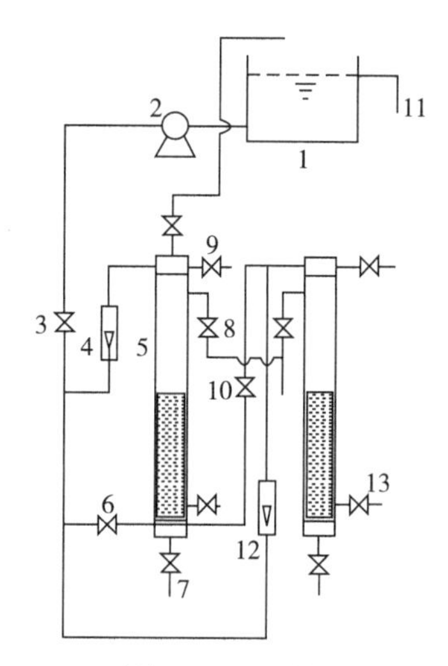

1—原水箱；2—微型加压泵；3，10—阀门；4，12—转子流量计；5—交换柱；6—反冲洗阀门；7—取样口；8—再生液阀门；9—反冲洗出水管阀门；11—溢流管；13—出料口。

图 4－3　软化实验装置示意图

4．实验步骤

（1）熟悉实验装置，清楚每条管路、每个阀门的作用。

（2）测原水硬度，测量交换柱内径及树脂层高度，并记入表 4－13 中。

表 4－13　原水硬度及实验装置有关数据

原水硬度（以 $CaCO_3$ 计）(mg/L)	交换柱内径（cm）	树脂层高度（cm）	树脂名称及型号

（3）将交换柱内树脂反洗数分钟，反洗流速为 15 m/h，以去除树脂层的气泡。

（4）软化。运行流速采用 15 m/h，每隔 10 min 测一次水硬度，测两次并进行比较。

（5）改变运动流速。流速分别取 20 m/h，25 m/h，30 m/h，在每个流速下运行 5 min,测出硬度，记入表 4－14 中。

表 4－14　交换实验记录

运行流速（m/h）	运行流量（L/h）	运行时间（min）	出水硬度（以 $CaCO_3$ 计）(mg/L)
15		10	
15		10	
20		5	
25		5	
30		5	

(6) 反洗。冲洗水用自来水，反洗流速采用 15 m/h，反洗时间 15 min。反洗结束后，将水放到水面高于树脂表面 10 cm 左右，反洗记录如表 4-15 所示。

表 4-15 反洗记录

反洗速度 (m/h)	反洗流量 (L/h)	反洗时间 (min)

(7) 根据软化装置再生钠离子工作交换容量 (mol/L)，树脂体积 (L)，顺流再生钠离子交换 NaCl 耗量 (100～120 g/mol) 及食盐中 NaCl 含量 (海盐 NaCl 含量为 80%～93%)，计算再生一次所需食盐量。配置浓度 10%的实验再生液。

(8) 再生。再生流速采用 3～5 m/h。调节定量投再生液瓶出水阀门，开启度以控制再生流速为度。再生液用完时，将树脂在盐液中浸泡数分钟 (表 4-16)。

表 4-16 再生记录

再生一次所需食盐量 (kg)	再生一次所需浓度 10%的食盐再生液 (L)	再生流速 (m/h)	再生流量 (mL/s)

(9) 清洗。清洗流速采用 15 m/h，每 5 min 测一次出水硬度，直至出水水质合乎要求。清洗时间约需 50 min，并将结果记入表 4-17 中。

表 4-17 清洗记录

清洗流速 (m/h)	清洗流量 (L/h)	清洗历时 (min)	出水硬度 (以 $CaCO_3$ 计) (mg/L)
15		5	
15		10	
⋮		⋮	
15		50	

(10) 清洗完毕，结束实验，将交换柱内树脂浸泡在水中。

5. 实验结果整理

(1) 绘制不同运行流速与出水硬度关系的变化曲线。

(2) 绘制不同清洗历时与出水硬度关系的变化曲线。

6. 注意事项

(1) 反冲洗时注意流量大小，不要将树脂冲走。

(2) 再生溶液没有经过过滤器，宜用精制实验配置。

7. 思考题

(1) 测定强酸性阳离子交换树脂的交换容量为什么用强碱液 NaOH 滴定?

(2) 影响再生剂用量的因素有哪些? 再生液浓度过高或过低有何不利影响?

(3) 做完软化实验发现哪些不足? 有何进一步改进的设想?

4.5.3 离子交换除盐实验

1. 实验目的

(1) 了解并掌握离子交换法除盐实验装置的操作方法。

(2) 加深对复床除盐基本理论的理解。

2. 原理

水中各种无机盐类经电离生成阳离子及阴离子，经过氢型离子交换树脂时，水中的阳离子被氢离子所取代，形成酸性水，酸性水经过氢氧型离子交换树脂时，水中的阴离子被氢氧根离子所取代，进入水中的氢离子与氢氧根离子组成水分子（H_2O），从而达到去除水中无机盐类的目的。氢型树脂失效后，用盐酸（HCl）或硫酸（H_2SO_4）再生，氢氧型树脂失效后用烧碱（NaOH）液再生。以氯化钠（NaCl）代表水中无机盐类为例，离子交换除盐的基本反应式如下。

(1) 氢离子交换（阳离子型）

交换过程

$$RH + NaCl \longrightarrow RNa + HCl$$

再生过程

$$2RNa + \begin{Bmatrix} 2HCl \\ H_2SO_4 \end{Bmatrix} \longrightarrow 2RH + Na_2 \begin{Bmatrix} Cl_2 \\ SO_4 \end{Bmatrix}$$

(2) 氢氧根离子交换（阴离子型）

交换过程

$$ROH + HCl \longrightarrow RCl + H_2O$$

再生过程

$$RCl + NaOH \longrightarrow ROH + NaCl$$

3. 实验设备及试剂

(1) 除盐装置 1 套。

(2) 酸度计 1 台。

(3) 电导率仪 1 台。

(4) 测硬度所需用品。

(5) 100 mL 量筒 1 个，秒表 1 块（控制再生液流量用）。

(6) 2 m 钢卷尺 1 个。

(7) 温度计 1 支。

(8) 工业盐酸（HCl 含量≥31%）数千克。

(9) 固体烧碱（NaOH 含量≥95%）数百克。

4. 实验步骤

(1) 熟悉实验装置，清楚每条管路、每个阀门的作用。

(2) 测定水温度、硬度、电导率及 pH 值，测量交换柱内径及树脂层高度，数据记入表 4－18。

表 4－18　原水水质及实验装置有关数据

原水分析	交换柱名称	阳离子交换柱	阴离子交换柱
温度（℃）：	树脂名称		
硬度（以 $CaCO_3$ 计）（mg/L）：	树脂型号		
电导率（μS/cm）：	交换柱内径（cm）		
pH 值：	树脂层高度（cm）		

(3) 开启排空阀门，排出阴离子、阳离子交换柱中的废液。

(4) 用自来水将阳离子交换柱内树脂反洗数分钟，反洗流速 15 m/h，从而去除树脂层的气泡。

(5) 阳离子交换柱运行流速 10 m/h，每隔 10 min 测定水硬度及 pH 值。硬度低于 2.5 mg/L（以 $CaCO_3$ 计）时，可用此软化水反洗阴离子交换树脂数分钟，将树脂层中气泡赶走。

(6) 开启提升泵，打开阀门，用原水先经过阳离子交换柱，再进入阴离子交换柱，流速 15 m/h，每隔 10 min 测阳离子交换柱出水硬度及 pH 值，测定阴离子交换柱出水电导率及 pH 值。

(7) 开启阳离子交换柱进水阀门和出水阀门，调整交换柱内流速。流速分别取 20 m/h，25 m/h，30 m/h，每种流速运行 10 min，阴离子交换柱出水测电导率，数据记入表 4－19。

表 4－19　离子交换数据记录

运行流速（m/h）	运行流量（L/h）	运行时间（min）	阳离子交换柱出水硬度（以 $CaCO_3$ 计）（mg/L）	阳离子交换柱出水 pH 值	阴离子交换柱出水电导率（μS/cm）	阴离子交换柱出水 pH 值
10						
15						
20						
25						
30						

(8) 根据除盐装置树脂工作交换容量，计算再生一次用酸量（kg，100%HCl）及再生一次用碱量（kg，100%NaOH），盐酸配成浓度 3%～4%溶液（HCl 浓度为 4%时相对密度为 1.018），装入定量投 HCl 液瓶中；烧碱配成浓度 2%～3%溶液（NaOH 浓度为 3%时相对密度为 1.032）装入定量投 NaOH 液瓶中。

(9) 阴离子交换柱反洗、再生、清洗。

① 反洗：用阳离子交换柱出水反洗阴离子交换柱，反洗流速 10 m/h，反洗 15 min，反洗完毕后将柱内水面放至高于树脂层表面 10 cm 左右，反洗数据记入表 4－20 中。

表 4－20 反洗数据记录

	阴离子交换柱	阴离子交换柱
反洗流速（m/h）		
反洗流量（L/h）		
反洗时间（min）		

② 再生：阴离子交换柱再生流速 4～6 m/h。再生液用完时，将树脂在再生液中浸泡数分钟。再生数据记入表 4－21 中。

表 4－21 再生数据记录

再生一次所需固体烧碱用量（g）	再生一次 NaOH 溶液的用量（L）	再生流速（m/h）	再生流量（mL/s）

③ 清洗：用阳离子交换柱出水清洗阴离子交换柱，清洗流速 15 m/h，每 5 min 测一次阴离子交换柱出水的电导率，直至合格。清洗水耗为 10～12 m^3/m^3 树脂，记录到表 4－22 中。

表 4－22 阴离子交换柱清洗记录

清洗流速（m/h）	清洗流量（L/h）	清洗历时（min）	出水电导率（μS/cm）
15		5	
		10	
		⋮	
		60	

（10）阳离子交换柱反洗、再生、清洗。

① 反洗：用自来水反洗阳离子交换柱，反洗流速 15 m/h，历时 15 min，反洗完毕后，将柱内水面放至高于树脂层表面 10 cm 左右。反洗数据记入表 4－19 中。

② 再生：阳离子交换柱再生流速采用 4～6 m/h。HCl 再生液用完时，将树脂在再生液中浸泡数分钟，再生数据记入表 4－23 中。

表 4－23 阳离子交换柱再生记录

再生一次所需工业盐酸用量（g）	
再生一次 HCl 溶液的用量（L）	
再生流速（m/h）	
再生流量（mL/s）	

③ 清洗：用自来水清洗阳离子交换柱，清洗流速 15 m/h，每 5 min 测一次阳离子交换柱出水硬度及 pH 值，直至合格。清洗水耗（5 m^3～6 m^3）/m^3 树脂，记录数据记

入表 4-24 中。

表 4-24 阳离子交换柱清洗记录

清洗流速（m/h）	清洗流量（L/h）	清洗历时（min）	出水硬度（以 $CaCO_3$ 计）（mg/L）	出水 pH 值

（11）阳离子交换柱清洗完毕，结束实验，交换柱内树脂均应浸泡在水中。

5. 数据记录与分析

（1）绘制不同运行流速与出水电导率关系曲线。

（2）绘制阴离子交换柱清洗时，不同历时出水电导率关系曲线。

6. 注意事项

（1）注意不要将再生液装错。

（2）由于定量再生液中有一部分再生液流不出来，应多配一些配再生液。

（3）阴离子交换树脂（强碱树脂）的湿真密度只有 1.1 g/mL，反洗时易将树脂带走，应小心控制反洗流量。

7. 思考题

（1）如何提高除盐实验出水水质？

（2）强碱阴离子交换床为何一般都设置在强酸阴离子交换床的后面？

实验6 过滤与反冲洗实验

4.6.1 实验目的

1. 熟悉普通快滤池过滤、冲洗的工作过程。

2. 掌握清洁砂层过滤时水头损失计算方法和水头损失变化规律、冲洗强度与滤层膨胀度（率）的关系。

4.6.2 实验原理

为了取得良好的过滤效果，滤料应具有一定级配。生产中有时为了方便，常采用0.5 mm和1.2 mm孔径的筛子进行筛选。这样就不可避免地出现细滤料（或粗滤料）有过多或过少的现象。为此应采用一套不同筛孔的筛子进行筛选，并选定d_{10}值、d_{80}值，从而决定滤料级配。在研究过滤过程的有关问题时，常常涉及孔隙度，其计算方法为

$$m=\frac{V_n}{V}=\frac{V-V_c}{V}=1-\frac{V_c}{V}=1-\frac{G}{V\gamma} \tag{4-15}$$

式中：m——滤料孔隙（率）度（%）；

V_n——滤料层孔隙体积（cm^3）；

V——滤料层体积（cm^3）；

V_c——滤料层中滤料所占体积（cm^3）；

G——滤料重量（在105 ℃下烘干）（g）；

γ——滤料重度（g/cm^3）。

在过滤过程中，随着过滤时间的增加，滤层中悬浮颗粒的量会随之不断增加，这就必然会导致过滤过程水力条件的改变。使滤层孔隙率m减少，水流穿过砂层缝隙流速减小，滤层两侧压差增加，于是水头损失增加。为了保证滤后水质和过滤滤速，过滤一段时间后，需要对滤层进行反冲洗，使滤料层在短时间内恢复工作能力。反冲洗的方式多种多样，其原理是一致的。反冲洗开始时承托层、滤料层未完全膨胀，即滤池处于反向过滤状态，这时滤层水头损失可用式（4－16）计算。当反冲洗速度增大后，滤料层完全膨胀，处于流态状态。根据滤料层膨胀前后的厚度便可求出膨胀度（率）为

$$e=\frac{L-L_0}{L_0}\times 100\% \tag{4-16}$$

式中：L——砂层膨胀后厚度（cm）；

L_0——砂层膨胀前厚度（cm）。

膨胀度的大小直接影响了反冲洗效果，而反冲洗的强度决定了滤料层的膨胀度。

4.6.3 实验设备与试剂

(1) 过滤柱（有机玻璃 d=100 mm，L=2000 mm，1 根）。

(2) 转子流量计（LZB-25 型，1 个）。

(3) 测压板（长 3500 mm×宽 500 mm，1 块）。

(4) 测压管（玻璃管 ϕ10 mm×1000 mm，6 根）。

(5) 秒表、温度计等。

过滤与反冲洗装置如图 4-4 所示。

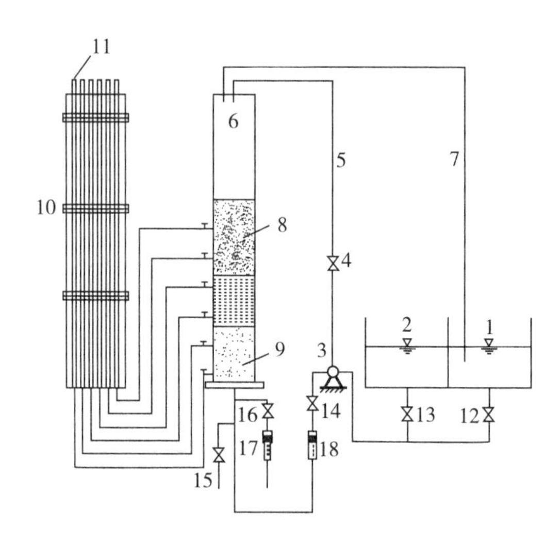

1—原水箱；2—过滤后水箱；3—水泵；4—过滤进水阀门；5—进水管；6—过滤柱；7—反冲洗出水管；8—滤料层；9—承托层；10—测压板；11—测压管；12—原水箱阀门；13—过滤后（反冲洗）水阀门；14—反冲洗进水阀门；15—排放管阀门；16—过滤后出水阀门；17—过滤后出水流量计；18—反冲洗水流量计。

图 4-4 过滤与反冲洗装置

4.6.4 实验步骤

1. 清洁砂层过滤水头损失实验步骤

(1) 量出滤层出水厚度 L_0。

(2) 开启阀门 12、阀门 14，启动水泵 3，冲洗滤层 1 min。

(3) 关闭阀门 14，开启阀门 12、阀门 4，快滤 5 min 使砂面保持稳定。

(4) 开启阀门 16，调节转子流量计 17，使出水流量约 50 L/h，待测压管中水位稳定后，记下滤柱最高、最低两根测压管中水位值（须打开 6 个测压管阀门）。

(5) 增大过滤水量，使过滤流量依次为 100 L/h，150 L/h，200 L/h，250 L/h，300 L/h，分别测出滤柱最高、最低两根测压管中水位值，记入表中。

(6) 按步骤 (1) ～步骤 (5)，再重复做两次。

2. 滤层反冲洗实验步骤

（1）量出滤层厚度 L_0，慢慢开启反冲洗进水阀门 14，调整反冲洗转子流量计为 250 L/h，使滤料刚刚膨胀起来，待滤层表面稳定后，记录反冲洗流量和滤层膨胀后的厚度 L_0。

（2）打开反冲洗转子流量计，变化反冲洗流量依次为 500 L/h，750 L/h，1000 L/h,1250 L/h，1500 L/h。按步骤（1）测出反冲洗流量和滤层膨胀后的厚度 L。

（3）改变反冲洗流量直至砂层膨胀率达 100%。测出反冲洗流量和滤层膨胀后的厚度 L，记入表 4－25 中。

（4）按步骤（1）～步骤（3），再重复做两次。

（5）做完实验后，打开进水阀门，冲洗整个实验系统。

注意事项：

① 反冲洗滤柱中的滤料时，不要使进水阀门开启度过大，应缓慢打开以防滤料冲出柱外。

② 在过滤实验前，滤层中应保持一定水位，不要把水放空，以免过滤实验时测压管中积存空气。

③ 反冲洗时，为了准确地量出砂层厚度，一定要在砂面稳定后再进行测量。

5. 实验结果整理

（1）清洁砂层过滤水头损失实验结果整理

① 将过滤时所测流量、测压水头填入表 4－25 中。

② 以流量 Q 为横坐标，水头损失为纵坐标，绘制实验曲线。

表 4－25 清洁砂层水头损失实验记录表

序号	测定次数	流量 Q（mL/s）	滤速		实测水头损失		
			Q/ω（cm/s）	$36Q/\omega$（m/h）	测压管水头（cm）		$h=h_b-h_a$（cm）
					h_b	h_a	
1	1						
	2						
	3						
	平均						
2	1						
	2						
	3						
	平均						
3	1						
	2						
	3						
	平均						

（续表）

序号	测定次数	流量 Q（mL/s）	滤速		实测水头损失		
			Q/ω（cm/s）	$36Q/\omega$（m/h）	测压管水头（cm）		$h=h_b-h_a$（cm）
					h_b	h_a	
4	1						
	2						
	3						
	平均						
5	1						
	2						
	3						
	平均						
6	1						
	2						
	3						
	平均						

注：ω 为滤柱截面面积；h_b 为最高测压管水位值；h_a 为最低测压管水位值。

（2）滤层反冲洗实验结果整理

① 按照反冲洗流量变化情况，将膨胀后砂层厚度填入表 4－26 中。

② 以反冲洗强度为横坐标，砂层膨胀度为纵坐标，绘制实验曲线。

表 4－26　滤层反冲洗强度与膨胀度的关系实验记录表

序号	测定次数	反冲洗流量 Q（mL/s）	反冲洗强度 Q/ω（cm/s）	膨胀后砂层厚度 L（cm）		砂层膨胀度 $e=\frac{L-L_0}{L_0}\%$	
1	1						
	2						
	3						
	平均						
2	1						
	2						
	3						
	平均						
3	1						
	2						
	3						
	平均						

（续表）

序号	测定次数	反冲洗流量 Q（mL/s）	反冲洗强度 Q/ω（cm/s）	膨胀后砂层厚度 L（cm）		砂层膨胀度 $e=\frac{L-L_0}{L_0}\%$	
4	1						
	2						
	3						
	平均						
5	1						
	2						
	3						
	平均						
6	1						
	2						
	3						
	平均						

反冲洗前滤层厚度 L_0=________（cm）。

6. 思考题

（1）试解释概念：滤料级配和孔隙度。

（2）本实验存在什么问题，应如何改进？

（3）为什么在过滤前须排出滤层内的空气泡？

实验7　气浮实验

4.7.1　实验目的

(1) 了解和掌握气浮净水方法的原理及其工艺流程。

(2) 掌握气浮法设计参数“气固比”及“释气量”的测定方法。

(3) 了解悬浮颗粒浓度、操作压力、气固比、澄清分离效率之间的关系。

4.7.2　实验原理

气浮法是目前水处理工程中应用较为广泛的一种方法。该方法主要用于处理水中相对密度小于或接近于1的悬浮杂质，如乳化油、羊毛脂、纤维及其他各种有机或无机的悬浮絮体等。

气浮法的净水原理：使空气以微气泡的形式出现于水中，并自下而上慢慢地上浮，在上浮的过程中，使气泡与水中污染物质充分接触，污染物质与气泡互相黏附，形成相对密度小于水的气水结合物浮升到水面，使污染物质以浮渣的形式从水中分离去除。

要产生相对密度小于水的气水结合物，应满足以下条件：

(1) 水中污染物质具有足够的憎水性。

(2) 水中污染物质相对密度应小于或接近于1。

(3) 微气泡的平均直径应为50～100 μm。

(4) 气泡与水中污染物质的接触时间足够长。

由于散气气浮一般气泡直径较大，气浮效果较差，而电解气浮气泡直径虽远小于散气气浮和溶气气浮，但耗电较多。因此，在目前国内外的实际工程中，加压溶气气浮法的应用最为广泛。

加压溶气气浮使空气在一定压力的作用下溶解于水中，至饱和状态，然后突然把水的表面压力降低至常压，此时溶解于水中的空气便以微气泡的形式从水中逸出。加压气浮工艺由空气饱和设备、空气释放设备和气浮池等组成。其基本工艺流程有全流程溶气、部分废水加压和溶气及部分回流溶气。

目前工程中广泛采用有回流系统的加压溶气气浮法。该流程将部分废水进行回流加压，其余废水直接进入气浮池。加压溶气气浮实验装置示意图如图4-5所示。

加压溶气气浮的影响因素有很多，如水中空气的溶解量、气泡直径、气浮时间、气浮池有效水深、原水水质、药剂种类及其加药量等。因此，采用气浮净水法进行水处理时，常要通过实验测定有关设计运行的参数。

本实验的主要内容是用加压溶气气浮法求解设计参数——气固比，并测定表示加压水中空气溶解效率的参数——释气量。

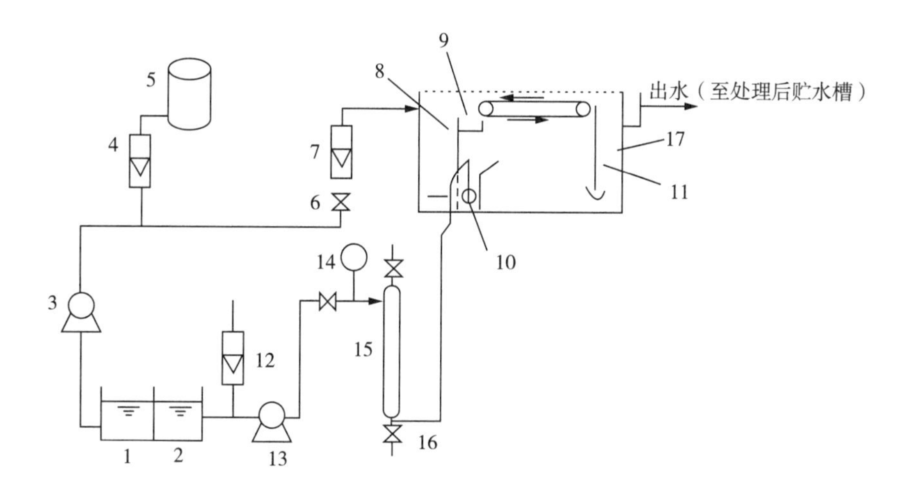

1—污水槽；2—处理后水贮槽；3—磁力驱动循环泵（进水泵）；4—药剂投加转子流量计；5—加药筒；6—进水阀门；7—进水转子流量计；8—进水槽；9—浮渣槽；10—溶气释放器；11—清水区；12—转子流量计（气）；13—单相漩涡自吸泵；14—压力机；15—溶气罐；16—减压阀；17—平流式气浮池。

图 4-5 加压溶气气浮实验装置示意图

4.7.3 实验部分

1. 平流式加压气浮设备的操作步骤

在做实验之前将空压机通电，打开开关（往上拔红色按钮）。

（1）开机使用步骤

① 打开进水开关（一般阀门开一半），启动后打开搅拌开关（调节速度自定），待水进满。

② 打开气浮进水开关（流量计开关一般开到一半的位置），打开气浮罐进水开关，一般流量定为 300 L，这时气浮罐上面压力表显示的压力值，一般定为 0.25～0.3。

③ 打开空压机开关（在实验开始前把空压机存满气），打开压力罐进气口的开关，打开气体流量计开关（再看压力表，使其压力相对于之前压力增加 0.05），待稳定后即可。

④ 压力罐上面的液位如果显示水位在下降，先减少进气量，然后再加大进水流量（流量计），加大之后，如果压力变大，则要关闭气体流量计。

（2）关闭仪器步骤

① 关闭气浮罐进水开关。

② 关闭进水流量计开关。

③ 关闭压力罐开关。

④ 打开泄气阀，将压力罐中的气卸掉。

⑤ 关闭空压机开关。

⑥ 关闭气体流量计。

2. 气固比实验

气固比 A/S 是空气量与固体物数量的比值，无量纲，是设计气浮系统时经常使用的一个基本参数。其计算公式为

$$\frac{A}{S}=\frac{\text{减压释放的气体量（kg/d）}}{\text{进水的固体物量（kg/d）}}$$

对于有回流系统的加压溶气气浮法，其气固比可表示如下：

（1）当分离相对密度大于水的固态悬浮物时，气体以质量浓度 C（mg/L）表示，则

$$\frac{A}{S}=R\left(\frac{C_1-C_2}{S_0}\right) \tag{4-17}$$

式中：C_1，C_2——系统中溶气罐及回流水中气体在水中的浓度（mg/L）；

S_0——进水悬浮物浓度（mg/L）。

（2）当分离相对密度小于水的液态悬浮物时，气体以体积浓度 S_a（cm^3/L）表示，则

$$\frac{A}{S}=R\left[\frac{\gamma_a S_a\ (f\cdot p-1)}{S_0}\right] \tag{4-18}$$

式中：S_a——水中空气溶解量，以 mL/L 计，$C=S_a\rho_a$；

γ_a——空气浓度，20℃、1 个大气压时，$\gamma_a=1.2$ g/L；

p——溶气罐内压力（MPa）；

f——比值因素，当溶气罐内压力 p 为 0.2～0.4 MPa，温度为 20 ℃时，$f\approx0.5$；

R——压力水回流量或加压溶气水量（m^3/d）。

不同的气固比，水中空气量也不同，不仅会影响出水水质（SS 值），也影响运行费用。本实验通过改变气固比 A/S，测定出水的 SS 值，并绘制出 A/S-出水 SS 关系曲线及 A/S 与浮渣固体百分比关系曲线，如图 4-6 所示。根据出水 SS 值确定气浮系统的 A/S 值。

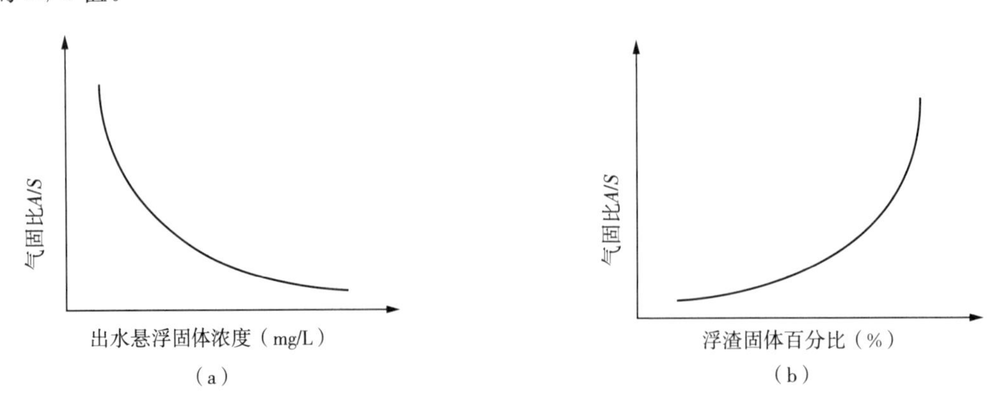

图 4-6　A/S-SS 关系曲线图及 A/S 与浮渣固体百分比关系曲线

（1）实验设备与试剂

吸水池、水泵、溶气罐、单相漩涡自吸泵、减压阀。

量筒（1 L，1 个）。

气固比实验装置示意图如图 4 - 7 所示。

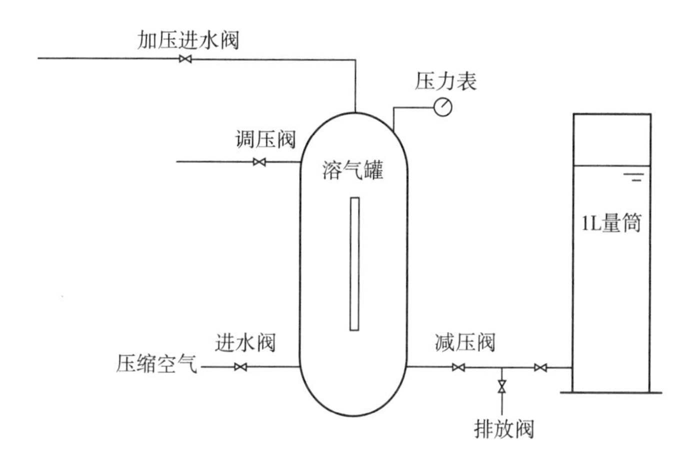

图 4 - 7　气固比实验装置示意图

（2）实验步骤

① 向污水中加入 1%左右的硫酸铝（或其他同类药品），进行混凝沉淀。然后取溶气罐中 2/3 体积的上清液加入压力溶气罐。

② 打开进气阀，使压缩空气进入溶气罐，达到预定压力（一般为 0.3～0.4 MPa），关闭进气阀，静置 10 min，使罐内水中溶解空气达到饱和。

③ 测定加压溶气水的释气量以确定溶气水是否合格。一般情况下，释气量与理论饱和值之比大于 0.9 即可。

④ 将 500 mL 已加药并混匀的污水倒入反应量筒（加药量按混凝实验定），测定污水中悬浮物 SS 的浓度。

⑤ 当量筒内出现微小絮体时，打开减压阀（或释放器），按预定流量（根据所需回流比确定）向反应量筒内加溶气水，同时用搅拌棒搅动 0.5 min，使气泡分布均匀。

⑥ 观察并记录反应量筒中随时间上升的浮渣界面高度，并计算其分离速度。

⑦ 经静置分离 10～30 min 后，分别记录浮渣和清液的体积。

⑦ 打开排放阀分别排出清液和浮渣，并测定清液和浮渣的 SS 值。

⑧ 按照不同的回流比重复上述实验，即可得出不同的气固比和清水 SS 值。

数据记录表见表 4 - 27、表 4 - 28。

实验基本信息整理如下。

实验日期：　　　　　　　　　　　　　污泥性质及来源：

活性污泥混合液浓度（mg/L）：　　　　空气溶解度（mL/L）：

气温（℃）：　　　　　　　　　　　　空气密度（mg/L）：

水温（℃）：　　　　　　　　　　　　溶气罐工作压力（Pa）：

表 4－27　气固比和出水水质

实验序号	原水					压力溶气水					出水			浮渣	
	水温 pH值	体积 (mL)	药剂名	投药量 (mg/L)	SS (mg/L)	体积 (mL)	压力 (Pa)	释气量 (mL)	气固比	回流比	SS (mg/L)	去除率 (%)	体积 (mL)	体积 (mL)	SS (mg/L)

表 4－27 中气固比为每除去 1 g 固体所需的气量，为了简化计算可用 L（气体）/g（悬浮物），计算公式如下：

$$\frac{A}{S}=\frac{W\times a}{SS\times Q} \tag{4-19}$$

式中：A——总释气量（L）；

S——总悬浮量（g）；

a——单位溶气水的释气量（mg/L）；

W——溶气水的体积（L）；

SS——原水中的悬浮物浓度（mg/L）；

Q——原水体积（L）。

表 4－28　浮渣高度和分离时间

分离时间（min）	浮渣界面高（mm）	浮渣厚度（mm）	浮渣体积（mL）	浮渣与清液体积比（%）

（3）结果整理

① 绘制气固比与出水 SS 去除率关系曲线，并进行回归分析。

② 绘制气固比与浮渣中固体浓度关系曲线。

3. 释气量实验

加压溶气气浮的主要影响因素有溶解空气量、释放的气泡直径等。由于溶气罐形式、溶解时间、污水性质的不同，空气的加压溶解过程也有所不同。由于减压装置的不同，溶解气体释放的数量及气泡直径也不同。因此，在溶气系统、释气系统的设计、运行前，有必要进行释气量实验，为系统的设计运行提供依据。

（1）实验设备及用具

① 水准瓶。

② 气体计量瓶。

③ 抽滤瓶（释气瓶）（2500 mL）。

④ 量筒（1 L）。

⑤ 减压阀。

释气量实验装置示意图如图 4-8 所示。

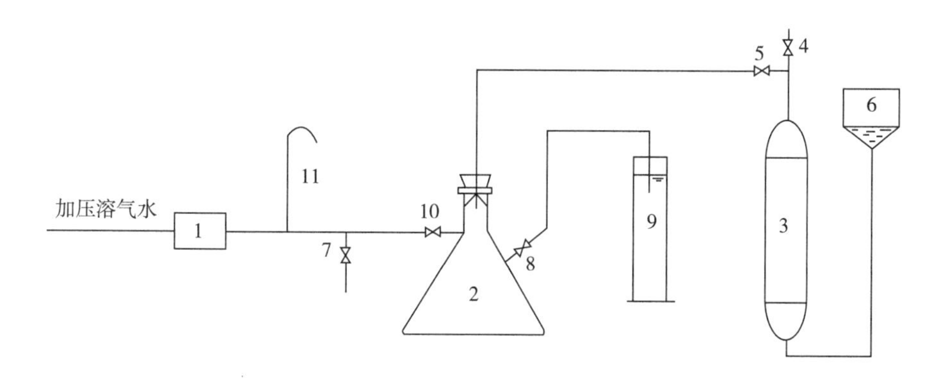

1—减压阀或释放器；2—释气瓶；3—气体计量瓶；4—排气阀；5，10—入流阀；
6—水位调节；7—分流阀；8—排放阀；9—量筒；11—溢流管。

图 4-8 释气量实验装置示意图

（2）实验步骤与记录

① 将分流阀 7 打开，关闭入流阀 10。

② 调节溢流管的管臂的管顶标高，使分流阀 7 的流量为 0.75～1.0 L/min。

③ 关闭分流阀 7，打开入流阀 10，用自来水充满整个实验装置。

④ 关闭排气阀 4，打开入流阀 5 降低水准瓶，以排除释放瓶中的空气泡，待排完空气泡后关闭入流阀 5，倒掉量筒中的水。

⑤ 关闭分流阀 7，打开入流阀 10，使溶气水流入释气瓶，瓶中原有的水被挤出，流入空量筒内，当量筒中水达到预定刻度时，立即将分流阀 7 打开，关闭入流阀 10。

⑥ 打开入流阀 5，等释气瓶中没有气泡后，降低水准瓶，使释气瓶中水位上升，直到瓶中的气体全部被挤到气体计量瓶后关闭入流阀 5。

⑦ 使水准瓶和气体计量瓶的液位相同（用调节水准瓶高度的方法，从气体计量瓶刻度读取气体体积）。此体积为每升溶气水减压至 1 个大气压时所释出的气体体积(mL/L)。

溶气效率计算公式如下：

$$\eta=\frac{V}{V_1}=\frac{K_T P}{K_T P W} \tag{4-20}$$

式中：η——溶气效率（%）；

V——理论释气量（mL/L）；

V_1——释气量（L）；

P——空气绝对压力（MPa）；

W——加压溶气水体积（L）；

K_T——温度溶解常数，20 ℃时为 0.024。

实验记录见表 4-29 所列。

表 4－29　实验记录表

实验号	加压溶气水			释气		
	压力（MPa）	体积（L）	水温（℃）	理论释气量（mL/L）	释气量（L）	溶气效率（%）

（3）注意事项

① 进行气固比测定时，回流比的取值与活性污泥混合液浓度有关。当活性污泥浓度为 2 g/L 左右时，按回流比 0.2，0.4，0.6，0.8，1.0 进行实验；当活性污泥浓度为 4 g/L 左右时，回流比可按 0.4，0.6，0.8，1.0 进行实验。

② 实验选用的回流比数至少为 5 个，以保证能较精确地绘制出气固比与出水悬浮固体浓度关系曲线。

③ 实验装置中所列的水泵、吸水池和空压机可供 8 组实验人员同时进行实验。

（4）结果整理

① 完成释气量实验，并计算溶气效率。

② 利用正交实验法组织安排释气量实验，并进行方差分析，指出影响溶气效率的主要因素。

4.7.4　思考题

（1）气浮法与沉淀法有哪些异同点？

（2）气固比成果分析中的两条曲线各有什么意义？

（3）当选定了气固比和工作压力及溶气效率时，试推出求回流比 R 的公式。

实验8 污泥比阻实验

4.8.1 实验目的

(1) 进一步理解污泥比阻的概念。
(2) 掌握污泥比阻的测定方法。
(3) 掌握确定污泥比阻的最佳混凝剂的投加量。

4.8.2 实验原理

污泥比阻是表示污泥脱水性能的综合指标，即单位质量的污泥在一定压力下过滤时在单位面积上产生的阻力。求比值的作用是比较不同的污泥（或同一污泥加入不同量的絮凝剂后）的过滤性能。污泥比阻越大，污泥脱水性能越差。

过滤时滤液体积 V（mL）与推动力 p（过滤时的压强降，g/cm^2），过滤面积 F（cm^2），过滤时间 t（s）成正比；而与过滤阻力 R（$cm \cdot s^2/mL$），滤液黏度 μ [$g/(cm \cdot s)$] 成反比。因此

$$V=\frac{pFt}{\mu R}\ (\text{mL}) \tag{4-21}$$

过滤阻力由滤渣阻力 R_z 和过滤隔层阻力 R_g 构成。而阻力随滤渣层的厚度增加而增大，过滤速度则减小。

因此，对式（4-21）进行微分：

$$\frac{\mathrm{d}V}{\mathrm{d}t}=\frac{pF}{\mu(R_z+R_g)} \tag{4-22}$$

由于 R_g 比 R_z 小很多，为简化计算，忽略不计，则式（4-22）为

$$\frac{\mathrm{d}V}{\mathrm{d}t}=\frac{pF}{\mu\alpha'\delta}=\frac{pF}{\mu\alpha\dfrac{C'V}{F}} \tag{4-23}$$

式中：α'——单位体积污泥的比阻；
　　δ——滤渣厚度；
　　C'——获得单位体积滤液所得的滤渣体积。

若以滤渣干重代替滤渣体积，单位质量污泥的比阻代替单位体积污泥的比阻，则式（4-23）可改写为

$$\frac{\mathrm{d}V}{\mathrm{d}t}=\frac{pF^2}{\mu\alpha CV} \tag{4-24}$$

进而推导得

$$\frac{t}{V}=\frac{\mu\alpha C}{2pF^2}\cdot V\ (t/V 与 V 成直线关系) \tag{4-25}$$

斜率：

$$b=\frac{t/V}{V}=\frac{\mu\alpha C}{2pF^2} \tag{4-26}$$

$$\alpha=\frac{2pF^2}{\mu}\cdot\frac{b}{C}=K\frac{b}{C} \tag{4-27}$$

因此，求 α 仅需求出 b 和 C。

（1）b 的求法

定压下（真空度保持不变）通过测定一系列的 $t-V$ 数据，用图解法求斜率，如图 4－9 所示。

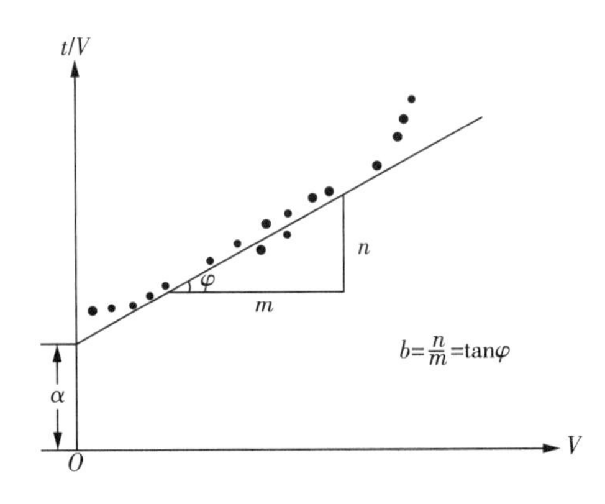

图 4－9 图解法示意

（2）C 的求法

$$C=\frac{1}{\frac{100-C_i}{C_i}-\frac{100-C_f}{C_f}}\left(\frac{\text{g 滤饼干重}}{\text{mL 滤液}}\right) \tag{4-28}$$

式中：C_i——100 g 污泥中的干污泥量；

C_f—100 g 滤饼中的干污泥量。

例如，污泥含水比 97.7%，滤饼含水率 80%，则

$$C=\frac{1}{\frac{100-2.3}{2.3}-\frac{100-20}{20}}=\frac{1}{38.48}\approx 0.0260\ (\text{g/mL})$$

一般认为比阻为 $10^9\sim10^{10}$ s^2/g 的污泥属于难过滤的污泥，比阻为 $(0.5\sim0.9)\times10^9$ s^2/g 的污泥过滤难度中等，比阻小于 0.4×10^9 s^2/g 的污泥容易过滤。

投加混凝剂可以改善污泥的脱水性能，使污泥的比阻减小。对于无机混凝剂，如 $FeCl_3$，$Al_2(SO_4)_3$ 等，投加量一般为污泥干质量的 5%～10%；对于高分子混凝剂，如聚丙烯酰胺、碱式氯化铝等，投加量为干污泥质量的 1%。

4.8.3 实验设备与试剂

(1) 污泥比阻实验装置，如图 4-10 所示。

(2) 秒表。

(3) 电子天平。

(4) 烘箱。

(5) 滤纸。

(6) 聚合氯化铝。

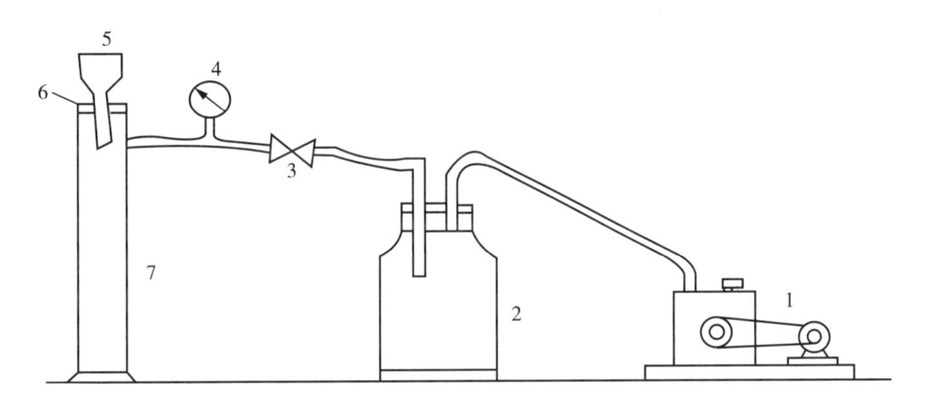

1—真空泵；2—吸滤瓶；3—真空度调节阀；4—真空表；5—布氏漏斗；6—吸滤垫；7—计量管。

图 4-10 污泥比阻实验装置

4.8.4 实验步骤

(1) 测定污泥含水率，求出其固体浓度 C_0。(抽滤 100 mL 水样后测定)

(2) 配制聚合氯化铝。

(3) 用量筒取同一污泥混合液 6 份（均为 400 mL）于烧杯中，分别向其中加聚合氯化铝溶液，加量分别为干污泥质量的 0%（不加混凝剂），2%，4%，6%，8%，10%（由第一步测出的湿污泥重进行粗略估计），搅拌。

(4) 在抽滤瓶内放置滤纸。注意：要用水润湿，以防漏气。

(5) 向抽滤瓶内放入一定量的清水，打开总开关和气泵开关抽滤，使滤纸与瓶壁更好结合。关闭开关。

(6) 加入 400 mL 污泥混合液于抽滤瓶中，开动真空泵，调节真空压力至某一恒定压力；压力稳定后，开启秒表，并记下启动时计量管内的滤液 V_0。

(7) 每隔一定时间（开始过滤时可每隔 10 s 或 15 s，滤速减慢后可隔 30 s 或 60 s)，记录计量管内相应的滤液量（将数据填入记录表中）。一般过滤至滤饼出现龟裂时，即可停止。

(8) 关闭开关，取下带滤饼的滤纸，称量。

(9) 称量后的滤饼于 105 ℃的烘箱内烘干称量。

(10) 另外 4 份污泥液重复上述操作，并记录数据。

4.8.5 数据记录与处理

（1）测定并记录实验基本参数，记录格式如下。

实验日期：

原污泥的含水率及固体浓度（C_0）：

实验真空度（mmHg）：

不加混凝剂的滤饼的含水率：

加混凝剂滤饼的含水率：

（2）将布氏漏斗实验所得数据按表 4－30 记录并计算。

表 4－30　污泥比阻测定实验数据

<table>
<tr><td colspan="4">滤饼固体浓度：______ g/mL　污泥固体浓度：______ g/mL　实验压力：______
混凝剂投加量：______ g　抽滤瓶直径：______ cm　温度 T：______</td></tr>
<tr><td>t（s）</td><td>计量桶内滤液量 V'（mL）</td><td>滤液量 $V=V'-V_0$（mL）</td><td>t/V</td></tr>
<tr><td>0</td><td></td><td></td><td></td></tr>
<tr><td>10</td><td></td><td></td><td></td></tr>
<tr><td>20</td><td></td><td></td><td></td></tr>
<tr><td>35</td><td></td><td></td><td></td></tr>
<tr><td>⋮</td><td></td><td></td><td></td></tr>
</table>

注：读取 10 至 15 个点，时间间隔尽量均匀。

（3）以 t/V 为纵坐标，V 为横坐标作图，求 b。

（4）根据滤饼固体浓度和污泥固体浓度求 C。

（5）计算各污泥液的比阻值 α，填入表 4－31。

表 4－31　比阻值计算表

<table>
<tr><td rowspan="2">污泥含水率（%）</td><td rowspan="2">污泥固体浓度（g/cm³）</td><td rowspan="2">混凝剂用量（%）</td><td colspan="6">$K=\frac{2pF^2}{\mu}$</td><td rowspan="2">皿＋滤纸量（g）</td><td rowspan="2">皿＋滤纸滤饼湿重（g）</td><td rowspan="2">皿＋滤纸滤饼干重（g）</td><td rowspan="2">滤饼含水率（%）</td><td rowspan="2">单位体积滤液的固体量 C（g/cm³）</td><td rowspan="2">比阻值 α（s²/g）</td></tr>
<tr><td>布氏漏斗 d（cm）</td><td>过滤面积 F（cm²）</td><td>面积平方 F^2（cm⁴）</td><td>滤液黏度 μ [g/（cm·s）]</td><td>真空压力 p（g/cm²）</td><td>K 值（s·cm³）</td></tr>
<tr><td></td><td></td><td></td><td></td><td></td><td></td><td></td><td></td><td></td><td></td><td></td><td></td><td></td><td></td></tr>
<tr><td></td><td></td><td></td><td></td><td></td><td></td><td></td><td></td><td></td><td></td><td></td><td></td><td></td><td></td></tr>
<tr><td></td><td></td><td></td><td></td><td></td><td></td><td></td><td></td><td></td><td></td><td></td><td></td><td></td><td></td></tr>
<tr><td></td><td></td><td></td><td></td><td></td><td></td><td></td><td></td><td></td><td></td><td></td><td></td><td></td><td></td></tr>
<tr><td></td><td></td><td></td><td></td><td></td><td></td><td></td><td></td><td></td><td></td><td></td><td></td><td></td><td></td></tr>
<tr><td></td><td></td><td></td><td></td><td></td><td></td><td></td><td></td><td></td><td></td><td></td><td></td><td></td><td></td></tr>
</table>

（6）以比阻为纵坐标，混凝剂投加量为横坐标，作图求出最佳投加量。

4.8.6 注意事项

（1）检查计算管与布氏漏斗之间是否漏气。

（2）滤纸烘干称量，放到布氏漏斗内，要先用蒸馏水湿润，而后再用真空泵抽吸一下，滤纸要贴紧，不能漏气。

（3）污泥倒入布氏漏斗内时，有部分滤液流入计量筒，所以正常开始实验后记录量筒内滤液体积。

（4）污泥中加混凝剂后应充分混合。

（5）在整个过滤过程中，真空度确定后始终保持一致。

4.8.7 思考题

（1）污泥比阻的大小与污泥固体浓度是否有关？两者是怎样的关系？

（2）测定污泥比阻在工程上有何实际意义？

实验9　曝气设备充氧能力的测定

4.9.1　实验目的

（1）加深理解曝气充氧的机理及影响因素。

（2）掌握测定曝气设备的氧总转移系数和充氧能力的方法。

（3）掌握两种不同形式的曝气设备充氧性能的测定方法。

4.9.2　实验原理

活性污泥法处理过程中曝气设备的作用是使空气、活性污泥和有机物三者充分混合，从而使活性污泥处于悬浮状态，促进氧气与微生物结合，保证微生物有足够的氧气进行新陈代谢。氧的供给是保证生化处理过程顺利进行的关键步骤。

曝气是人为地通过一些设备向水中加速传递氧气的一个过程。常用的曝气方式分为两种：一种是机械曝气，通过叶轮搅拌达到曝气的效果；另一种是鼓风曝气，通过曝气头向水中曝气。这两种曝气方式都属于传质过程，氧传递机理为双膜理论。

评价曝气充氧能力的实验主要是在不稳定的状态下进行的，实验过程中溶解氧是变化的，浓度由零增加到饱和。本实验用自来水进行实验时，先以亚硫酸钠为脱氧剂、氯化钴为催化剂进行脱氧，从而使水中溶解氧降到零，然后再曝气，直至溶解氧升高到接近饱和水平。假定在这个过程中液体是完全混合的，符合一级动力学反应，水中溶解氧的变化可以用下式表示：

$$\frac{\mathrm{d}C}{\mathrm{d}t}=K_{\mathrm{La}}(C_{\mathrm{s}}-C) \tag{4-29}$$

式中：$\frac{\mathrm{d}C}{\mathrm{d}t}$——氧转移速率［mg/L·h］；

K_{La}——氧的总转递系数（1/h），可以认为是一个混合系数，它是气液界面阻力和界面面积的函数；

C_{s}——实验条件下自来水的溶解氧饱和浓度（mg/L）；

C——相应于某一时刻 t 的溶解氧浓度（mg/L）。

将积分整理后可得氧总转移系数：

$$\ln(C_{\mathrm{s}}-C)=-K_{\mathrm{La}}\cdot t+\text{常数}$$

上式表明，通过实验测得 C_{s} 和相应于每一时刻 t 的溶解氧值 C 后，绘制 $\ln(C_{\mathrm{s}}-C)$ 与 t 的关系曲线，其斜率即 K_{La}。另一种方法是先绘制 C 与 t 的关系曲线，再作对应于不同 C 值的切线得到相应的 $\mathrm{d}C/\mathrm{d}t$，最后作 $\mathrm{d}C/\mathrm{d}t$ 与 C 的关系曲线，也可以求得 K_{La}。

在实验过程中，可以采用式（4-30）进行计算：

$$K_{La}=\frac{1}{t-t_0}\frac{\ln(C_s-C_0)}{\ln(C_s-C_t)} \tag{4-30}$$

式中：t，t_0——曝气时间(min)

C_0——曝气开始时池内溶解氧浓度（mg/L），$t_0=0$ 时，$C_0=0$ mg/L；

C_s——曝气池内液体饱和溶解氧值（mg/L）；

C_t——曝气某一时刻 t 时，池内液体溶解氧浓度（mg/L）。

4.9.3 实验设备与试剂

（1）曝气充氧装置，示意图如图 4－11 所示。

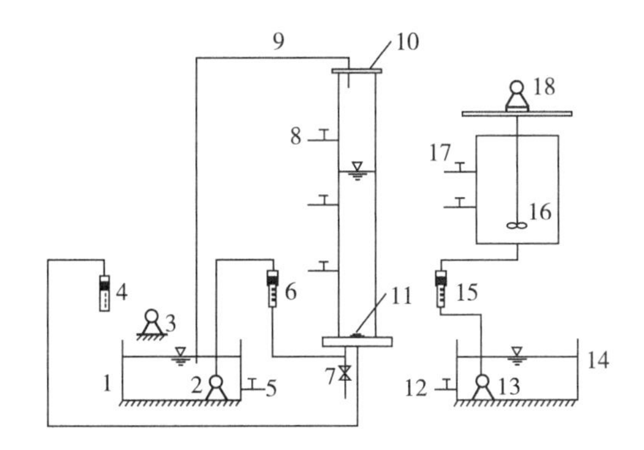

1，14—进水水箱；2，13—进水泵；3—曝气泵；4—曝气流量计；5，7，12—放水阀；6，15—进水流量计；8，17—取样口；9—溢流管；10—曝气柱；11—曝气头；16—搅拌棒；18—搅拌泵。

图 4－11 曝气充氧装置示意图

（2）溶解氧测定仪，1 台。

（3）计时器。

（4）直尺。

（5）无水 Na_2SO_3（化学纯）。

（6）$CoCl_2$（化学纯）。

4.9.4 实验步骤

（1）计算 Na_2SO_3 和 $CoCl_2$ 的需要量。

① 脱氧剂 Na_2SO_3 的用量计算

在自来水中加入 Na_2SO_3 还原剂来还原水中的溶解氧。相对分子质量比如下反应方程式：

$$Na_2SO_3+\frac{1}{2}O_2\xrightarrow{CoCl_2}Na_2SO_4$$

Na_2SO_3 理论用量为水中溶解氧量的 4 倍。而水中有部分杂质会消耗 Na_2SO_3，故实际用量为理论用量的 1.5 倍。

$$\frac{M_{Na_2SO_3}}{0.5M_{O_2}}=\frac{126}{16}\approx 7.9$$

所以投加的 Na_2SO_3 用量为

$$m=1.5\times 7.9C_s\cdot V=11.85C_s\cdot V$$

式中：m——Na_2SO_3 投加量（g）；

C_s——实验室时水温对应的水中饱和溶解氧值（mg/L）；

V——水样体积（m^3）。

② 氯化钴（$CoCl_2$）的投加量计算。

按维持池中的钴离子浓度为 0.05～0.5 mg/L 计算。本实验取 0.4 mg/L。

$$\frac{CoCl_2\cdot 6H_2O}{Co^{2+}}=\frac{238}{59}\approx 4.0$$

因此投加 $m_{CoCl_2\cdot 6H_2O}=0.4\times 4.0=1.6(g/m^3)$。

本实验所需投加钴盐为

$$m_{CoCl_2\cdot 6H_2O}=1.6\cdot V(g)$$

式中：V——水样体积（m^3）。

（2）将所称药剂用温水溶解、待用。

（3）关闭所有开关，向曝气池内注入清水（自来水）至溢流口。

（4）用温水溶解的药由筒顶倒入，使其混合反应 10 min 后取水样测溶解氧（DO）。

（5）当水样脱氧至零后，开启电控箱总开关，开启曝气风机及转刷电机，调整转速，叶轮旋转开始正常曝气（0.2～0.3 m^3/h），曝气后 5 min，10 min，15 min，20 min，25 min，30 min，40 min，50 min，60 min 取样，现场测定 DO 值，直至 DO 为 95%的饱和值。

（6）同时计量空气流量（务必稳定）、温度、压力、水温等。

（7）采样后，立即用溶解氧仪测定水中溶解氧值。

4.9.5 实验数据记录与数据处理

（1）基本参数记录。

曝气池内径=______（m）　高度=______（m）　体积=______（L）

水温______（℃）　室温______（℃）　气压______（kPa）

实验条件下自来水的 C_s ______（mg/L）

$CoCl_2$ 投加量______（g）

Na_2SO_3 投加量______（g）

（2）将充氧实验测得的溶解氧值填入表 4－32。

表 4－32 充氧实验记录表

序号	时间	C（mg/L）	C_s-C（mg/L）
1			
2			
3			
4			
5			
…			

（3）根据上述表格以溶解氧 C 为纵坐标，以时间 t 为横坐标，绘制关系曲线。

（4）根据上述关系曲线计算不同 C 值对应的$\frac{dC}{dt}$，填入 4－33 表中。

表 4－33 不同 C 值的$\frac{dC}{dt}$

序号	C（mg/L）	$\frac{dC}{dt}$［mg/（L·min）］
1		
2		
3		
4		
5		
…		

（5）分别以 ln（C_s-C）和$\frac{dC}{dt}$为纵坐标，以时间 t 为横坐标，绘制关系曲线。

（6）计算氧的总转递系数 K_{La}。

4.9.6 注意事项

（1）溶解氧仪须在指导下正确操作，用完后用蒸馏水冲洗探头，用吸水纸吸干探头水珠，盖上保护套。

（2）在实验过程中，保证供气量恒定。

（3）Na_2SO_3 和 $CoCl_2$ 完全溶解后再倒入曝气桶内。

4.9.7 思考题

（1）曝气设备充氧性能为什么使用清水？

（2）论述曝气再生物处理中的作用。

（3）试述曝气充氧原理及其影响因素。

实验 10　活性炭吸附实验

4.10.1　实验目的

（1）加深理解吸附的基本原理。
（2）掌握吸附等温线的物理意义及其作用。
（3）掌握吸附公式中常数的确定方法。

4.10.2　实验原理

活性炭是一种多孔性炭结构的吸附剂，是由煤、重油、木材、果壳等含碳类物质加热炭化，再经过氯化锌、氯化锰、磷酸等药剂或水蒸气活化而成的。活性炭吸附主要去除异味、某些离子及难进行生物降解的有机污染物，因此广泛应用于环境保护和工业领域。在吸附过程中，活性炭比表面积起重要的作用，活性吸附速度主要受被吸附物质在溶剂中的溶解度和分散程度、吸附剂的孔径和颗粒度、pH 值的大小、温度变化等影响。本实验采用活性炭间歇和连续吸附的方法，通过实验确定活性炭对水中所含某些杂质的吸附能力。

当活性炭对水中所含杂质进行吸附时，分为物理吸附和化学吸附。一部分是水中的溶解性杂质在活性炭表面集聚而被吸附，这是物理吸附现象，同时还有一部分特殊物质与活性炭分子结合而吸附，这是化学吸附作用。在活性炭吸附的过程中也会发生解吸现象，即一些已经被吸附物质可能由于分子运动而离开活性炭表面。当活性炭吸附和解吸处于动态平衡状态时，称为吸附平衡。

当活性炭和水中物质吸附达到平衡状态时，活性炭和水也可以说固相和液相之间的溶质浓度有一定的分布比值。如果在一定压力和温度条件下，活性炭吸附溶液中的溶质与被吸附溶质有一定的比例关系，如下式：

$$q_e = \frac{y}{m} \tag{4-31}$$

式中：q_e——单位吸附剂的吸附量（mg/mg）；
m——投加吸附剂量（mg）；
y——吸附剂吸附的物质总量（mg）。

q_e 的大小与活性炭的品种、被吸附物质的性质和浓度、水的温度和 pH 值有关，如果被吸附物质与活性炭结合，被吸附物质不溶于水且受到水的排斥，而活性炭又对被吸附物质有很强的吸附作用，这时 q_e 值就比较大。

描述吸附容量 q_e 与吸附平衡时溶液浓度 C 的关系有朗格缪尔（Langmuir）吸附等温式、亨利（Herry）吸附等温式、佛罗因德利希（Fruendlieh）吸附等温式和 BET 方程等公式。在水和污水处理中通常用佛罗因德利希表达式来比较不同温度和不同溶液浓度时的活性炭的吸附容量，即

$$q_e = \frac{y}{m} = KC^{\frac{1}{n}} \tag{4-32}$$

式中：K——佛罗因德利希常数，与吸附比表面积、温度有关的系数；

C——溶液中溶质的质量浓度（mg/L）；

n——常数，与温度有关，通常 $n>1$，随着温度的升高，吸附指数$\frac{1}{n}$逐渐趋于1，一般$\frac{1}{n}$为 0.1～0.5 时，则物质容易吸附；$\frac{1}{n}>2$ 时，则物质难以吸附。

上述公式是经验公式，可以表示为对数形式，用图解方法求出 k，n 的值：

$$\lg q_e = \lg \frac{C_0 - C}{m} = \lg K + \frac{1}{n}\lg C \tag{4-33}$$

式中：C_0——水中被吸附物质原始浓度（mg/L）；

C——被吸附物质的平衡浓度（mg/L）；

m——活性炭投加量（g/L）。

连续流活性炭的吸附过程同间歇性吸附有所不同，这主要是因为前者被吸附的杂质来不及达到平衡浓度 C，因此不能直接运用式（4-33）。

这时应对吸附柱进行被吸附杂质泄露和活性炭耗竭过程实验，也可简单地采用博哈特（Bohart）和亚当斯（Adams）关系式：

$$T = \frac{N_0}{C_0 V}\left[D - \frac{V}{K N_0}\ln\left(\frac{C_0}{C_B} - 1\right)\right] \tag{4-34}$$

式中：T——工作时间（h）；

V——流速，即空塔速度（m/h）；

D——活性炭层厚度（m）；

K——流速常数［m^3/（s·h)］；

N_0——吸附容量（g/m^3）；

C_0——入流溶质浓度（mg/L）；

C_B——容许出流溶质浓度（mg/L）。

根据入流、出流溶质浓度，可以用式（4-34）估算活性炭柱吸附层的临界厚度，即保持出流溶质浓度不超过 C_B 的碳层理论厚度。

$$D_0 = \frac{V}{K N_0}\ln\left(\frac{C_0}{C_B} - 1\right) \tag{4-35}$$

式中：D_0——为临界厚度，其余符号同上。

在实验过程中，如果原水样溶质浓度为 C_{01}，用 3 个活性炭柱串连，则第一个活性炭柱的出流浓度 C_{B1} 即为第二个活性炭柱的入流浓度 C_{02}，第二个活性炭柱的出流浓度 C_{B2} 即为第三个活性炭柱的入流浓度 C_{03}。由各炭柱不同的入流、出流浓度便可求出流速常数 K 值。

4.10.3 实验设备与试剂

（1）活性炭连续流吸附装置示意图如图 4－12 所示。

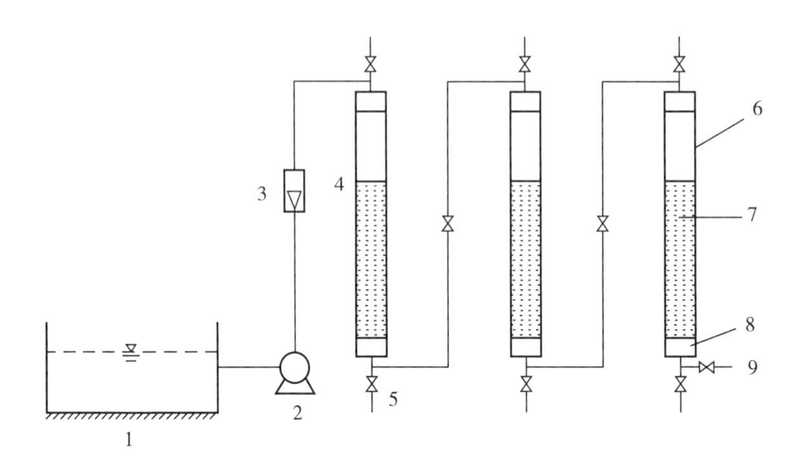

1—水槽；2—磁力驱动循环泵；3—转子流量计；4 活性炭吸附柱；5—取样口；
6—有机玻璃管；7—活性炭层；8—承托；9—出水。

图 4－12 活性炭连续流吸附装置示意图

（2）紫外可见分光光度计。

（3）振荡器。

（4）酸度计。

（5）锥形瓶。

（6）漏斗。

（7）亚甲基蓝。

4.10.4 实验步骤

1. 绘出标准曲线

（1）配置 100 mg/L 亚甲基蓝溶液。

（2）用紫外可见分光光度计对样品在 250～750 nm 波长范围内进行全程扫描，确定最大吸收波长。一般最大吸收波长为 662～665 nm。

（3）测定标准曲线（亚甲基蓝浓度为 0～4 mg/L 时，浓度与吸光度成正比）。

分别移取 0 mL，0.3 mL，0.5 mL，1.0 mL，1.5 mL，2.0 mL，3 mL 的亚甲基蓝溶液浓度为 100 mg/L 于 50 mL 比色管中，加水稀释至刻度，在上述最佳波长下，以蒸馏水为参比，测定吸光度。

以浓度为横坐标，吸光度为纵坐标，绘制标准曲线，拟合出标准曲线方程。

2. 吸附等温线间歇式吸附实验步骤

（1）将活性炭放入蒸馏水中浸 24 h，然后放入 105 ℃烘箱内烘至恒重，再将烘干后的活性炭压碎，使其成为 200 目以下筛孔的粉状炭。

（2）在锥形瓶中，装入已准备好的粒状活性炭：0 mg，10 mg，20 mg，30 mg，

40 mg,50 mg，60 mg，70 mg，80 mg，90 mg，100 mg，120 mg，140 mg，160 mg，180 mg和 200 mg。

（3）在三角烧瓶中各注入 100 mL 浓度为 10 mg/L 的亚甲基蓝溶液。

（4）将锥形瓶置于振荡器上振荡 2 h，然后用静沉法或滤纸过滤法移除活性炭。

（5）计算各个锥形瓶中亚甲基蓝的去除率、吸附量，记录到表 4-34 中。

3. 连续流吸附实验步骤

（1）熟悉活性炭吸附柱的流程、阀门的位置和开阀的次序。

（2）用自来水配置 10 mg/L 的亚甲基蓝溶液。

（3）以 40～200 mL/min 的流量，按降流方式运行（运行时炭层中不应有空气气泡），实验至少要用 3 种以上的不同流速进行。

（4）在每一流速运行稳定后，每隔 10～30 min 由各炭柱取样，测定出水的亚甲基蓝吸光度。

（5）停泵，关闭活性炭柱进出水阀门。

4.10.5 实验结果整理

1. 吸附等温线

$$\text{色度去除率}=\frac{\text{原水样吸光度}-\text{出水样吸光度}}{\text{原水样吸光度}}\times 100\% \tag{4-36}$$

活性炭间歇吸附实验记录记入表 4-34 中。

表 4-34 活性炭间歇吸附实验记录

序号	活性炭量	去除后吸光度	去除率
1			
2			
3			
4			
5			
6			
7			
8			
9			
10			
11			
12			
13			
14			
15			
16			

（1）根据测定数据绘制吸附等温线。

（2）根据佛罗因德利希等温线，确定方程中常数 K，n。

（3）讨论实验数据与吸附等温线的关系。

2. 连续流系统

将连续流吸附实验数据记入表 4－35 中。

表 4－35　连续流吸附实验记录

序号	流量（mL/min）	工作时间（min）	出水水质吸光度		
			柱 1	柱 2	柱 3
1		10			
2		20			
3		30			
4		40			
5		60			
6		10			
7		20			
8		30			
9		40			
10		60			
11		10			
12		20			
13		30			
14		40			
15		60			

（1）绘制穿透曲线，同时表示出亚甲基蓝在进水、出水中的浓度与时间的关系。

（2）试着计算亚甲基蓝在不同时间内转移到活性炭表面的量。计算方法可以采用图解积分法，求得吸附柱进水或出水曲线与时间之间的面积。

（3）绘出去除量与时间的关系曲线。

4.10.6　思考题

（1）间歇吸附与连续流吸附相比，吸附容量 q_e 与 N 是否相等？

（2）怎样通过实验求出 N_0 值？

（3）通过本实验，对活性炭吸附有何结论性意见？本实验如何进一步改进？

实验11　活性污泥性能测定

4.11.1　实验目的

（1）了解评价活性污泥性能的指标及其相互关系，加深对活性污泥性能，特别是污泥活性的理解。

（2）观察活性污泥性状及生物相组成。

（3）掌握污泥性质 MLSS、SV、SVI 的测定方法。

4.11.2　实验原理

活性污泥法是污水处理过程中最常用的方法之一。如果活性污泥性能比较好，具有颗粒松散、易于吸附氧化有机物和良好的混凝和沉降性能，经曝气充氧后，在澄清时能迅速与水分离。在废水实际处理过程中，为了更快地了解活性污泥的性能，需要经常测定污泥沉降比、污泥浓度、污泥指数等项目。

活性污泥的评价指标一般有混合液悬浮固体浓度（Mixed Liquor Suspended Solids，MLSS）、污泥沉降比（Sludge Volume 30 min，SV30）、污泥体积指数（Sludge Volume Index，SVI）等。

混合液悬浮固体浓度（MLSS）是指曝气池单位体积混合液中活性污泥悬浮固体的质量，又称为污泥浓度。它由活性污泥中 Ma，Me，Mi 和 Mii 四项组成，单位为mg/L 或 g/L。

性能良好的活性污泥，除具有去除有机物的能力外，还应有优良的絮凝沉降性能。活性污泥的絮凝沉降性能可用污泥沉降比和污泥体积指数来评价。

污泥沉降比是指曝气池混合液在 100 mL 量筒中静止沉淀 30 min 后，污泥体积与混合液体积之比，用百分数（%）表示。活性污泥混合液经 30 min 沉淀后，沉淀污泥可接近最大密度，因此可用 30 min 作为测定污泥沉降性能的依据。一般生活污水和城市污水的 SV 为 15%～30%。

污泥体积指数是指曝气池混合液沉淀 30 min 后，每单位质量干泥形成的湿污泥的体积。单位为 mL/g，但习惯上把单位略去。SVI 的计算公式为

$$SVI=\frac{SV\ (mL/L)}{MLSS\ (g/L)}=\frac{SV\ (\%)\ \times 10\ (mL/L)}{MLSS\ (g/L)} \tag{4-37}$$

在一定污泥量下，SVI 反映了活性污泥的絮凝沉降性能。若 SVI 较高，则表示 SV 较大，污泥沉降性能较差；若 SVI 较小，则表明污泥颗粒密实，污泥老化，沉降性能良好。但如果 SVI 过低，则污泥矿化程度高，活性及吸附性都较差。一般来说，当 SVI 为 100～150 时，污泥沉降性能良好；当 SVI＞200 时，污泥沉降性能较差，污泥易膨胀；当 SVI＜50 时，污泥絮体细小、紧密，含无机物较多，污泥活性差。

4.11.3 实验设备与试剂

（1）真空过滤装置：1套。

（2）分析天平：1台。

（3）烘箱：1台。

（4）100 mL量筒：1只。

（5）定量滤纸：数张。

（6）布氏漏斗：1个。

（7）干燥器：1只。

（8）玻璃棒：2根。

4.11.4 实验步骤

1. 污泥沉降比SV30测定

SV30是指曝气池中取混合均匀的泥水混合液100 mL置于100 mL量筒中，静置30 min后，观察沉降的污泥占整个混合液的比例，记下结果。实验操作步骤如下。

（1）将干净的100 mL量筒用蒸馏水冲洗后，烘干。

（2）取100 mL混合液置于100 mL量筒中，并从此时开始计算沉淀时间。

（3）读取第30 min的污泥体积V_1（mL）。

2. 污泥浓度MLSS

MLSS是单位体积的曝气池混合液中所含污泥的干重，实际上是指混合液悬浮固体的数量，单位为mg/L或g/L。实验操作步骤如下：

（1）将滤纸和称量瓶放在103～105 ℃烘箱中干燥至恒重，称量并记录W_1。

（2）将该滤纸剪好平铺在布氏漏斗上（剪掉的部分滤纸不要丢掉，称量并记录W_2）。

（3）将测定过沉降比的100 mL量筒内的污泥全部倒入漏斗，过滤（用水冲净量筒，水也倒入漏斗）。

（4）将载有污泥的滤纸移入称量瓶中，放入烘箱（103～105 ℃）中烘干至恒重，称量并记录W_3。

（5）污泥干重＝（$W_2+W_3-W_1$）。

（6）污泥浓度计算。

$$\text{污泥浓度（g/L）} = [\text{（滤纸质量＋污泥干重）－滤纸质量}] \times 10 \quad (4-38)$$

3. 污泥体积指数SVI

污泥体积指数是指曝气池混合液经30 min静沉后，1 g干污泥所占的容积（单位为mL/g）。计算式如下：

$$\text{SVI} = \frac{\text{SV（\%）} \times 10\ \text{（mL/L）}}{\text{MLSS（g/L）}}$$

SVI值能较好地反映出活性污泥的松散程度（活性）和凝聚、沉淀性能。一般在

100 左右为宜。

4.11.5 实验数据记录与处理

（1）实验数据记录：

将实验数据记入表 4－36 中。

表 4－36 原始实验记录表

静沉时间（min）	1	3	5	10	15	20	30
污泥体积（mL）							
W_1（g）							
W_2（g）							

（2）计算污泥沉降比 SV：

$$SV_{30}=\frac{V_1}{V}\times 100\% \qquad (4-39)$$

（3）计算混合液悬浮固体浓度 MLSS：

$$MLSS=\frac{W_2-W_1}{V}\ (mg/L) \qquad (4-40)$$

式中：W_1——滤纸的净重（mg）；

W_2——滤纸及截留悬浮物固体的质量之和（mg）；

V——水样体积（L）。

（4）计算污泥体积指数 SVI：

$$SVI=\frac{SV\ (mL/L)}{MLSS\ (g/L)}=\frac{SV\ (\%)\ \times 10\ (mL/L)}{MLSS\ (g/L)}$$

（5）绘出 100 mL 量筒中污泥体积随沉淀时间的变化曲线。

4.11.6 注意事项

（1）仪器设备应按说明调整好，减小误差。

（2）污泥过滤时不可将污泥溢出纸边。

4.11.7 思考题

（1）测定污泥沉降比时，为什么要静置沉淀 30 min?

（2）污泥体积指数 SVI 的倒数表示什么？并解释原因。

（3）对于城市污水来说，SVI 大于 200 或小于 50 各说明什么问题?

实验 12　工业废水可生化实验

4.12.1　实验目的

(1) 理解废水可生化性的含义。

(2) 掌握测定废水可生化性实验的方法。

4.12.2　实验原理

微生物降解有机污染物的物质代谢过程中所消耗的氧包括两部分：一是氧化分解有机污染物，使其分解为 CO_2，H_2O，NH_3（存在含氮有机物）等，为合成新细胞提供能量；二是供微生物进行内源呼吸，使细胞物质氧化分解。下列化学反应方程式可说明物质代谢过程中的这一关系。

合成：

$$8CH_2O+3O_2+NH_3 \longrightarrow C_5H_7NO_2+3CO_2+6H_2O$$

$$\left(\frac{3CH_2O+3O_2 \longrightarrow 3CO_2+6H_2O+\text{能量}}{5CH_2O+NH_3 \longrightarrow C_5H_7NO_2+3H_2O}\right)$$

从上述反应式可以看到约 1/3 的 CH_2O（酪蛋白）被微生物氧化分解为 CO_2，H_2O，同时产生能量供微生物合成新细胞，这一过程需要耗氧。

内源呼吸：

$$C_5H_7NO_2+5O_2 \longrightarrow 5CO_2+2H_2O+NH_3$$

微生物进行物质代谢过程的需氧速率可以用式（4－41）表示，总的需氧速率＝合成细胞的需氧速率＋内源呼吸的需氧速率，即

$$\left(\frac{\mathrm{d}O}{\mathrm{d}t}\right)_T=\left(\frac{\mathrm{d}O}{\mathrm{d}t}\right)_F+\left(\frac{\mathrm{d}O}{\mathrm{d}t}\right)_\sigma \tag{4-41}$$

式中：$\left(\frac{\mathrm{d}O}{\mathrm{d}t}\right)_T$——总的需氧速率［mg/（L·min)］；

$\left(\frac{\mathrm{d}O}{\mathrm{d}t}\right)_F$——降解有机物，合成新细胞的耗氧速率［mg/（L·min)］；

$\left(\frac{\mathrm{d}O}{\mathrm{d}t}\right)_\sigma$——微生物内源呼吸需氧速率［mg/（L·min)］。

活性污泥的耗氧速率（OUR）是评价污泥代谢活性的一个重要指标，它是指单位质量的活性污泥在单位时间内的耗氧量，其单位为 mg（O_2）/［g（MLVSS）·h］。

$$\text{耗氧速率（OUR）}=\frac{(DO_0-DO_t)\ (\mathrm{mg/L})}{t\ (\mathrm{h})}\times \mathrm{MLVSS}\ (\mathrm{g/L}) \tag{4-42}$$

式中：OUR——单位时间内单位活性污泥的耗氧量｛mg（O_2）/［g（MLVSS）·h］｝；

DO_0——初始时 DO 值（mg/L）；

DO_t——t 时刻的 DO 值（mg/L）；

t——测定经历的时间（h）。

测呼吸线即测定基质的耗氧曲线，并把活性污泥微生物对基质的生化呼吸线与其内源呼吸线相比较而作为基质可生物降解性的评价。

当活性污泥微生物处于内源呼吸时，利用的基质是微生物自身的细胞物质，其呼吸速度是恒定的，耗氧量与时间的变化呈直线关系，称为内源呼吸线。当供给活性污泥微生物外源基质时，耗氧量随时间的变化是一条特征曲线，称为生化呼吸线。把各种有机物的生化呼吸线与内源呼吸线加以比较时，可能出现如图 4－13 所示的三种情况。

（1）生化呼吸线位于内源呼吸线之上。说明该有机物或废水可被微生物氧化分解。两条呼吸线之间的距离越大，该有机物或废水的生物降解性越好［图 4－13（a）］。

（2）生化呼吸线与内源呼吸线基本重合，表明该有机物不能被活性污泥微生物氧化分解，但对微生物的生命活动无抑制作用［图 4－13（b）］。

（3）生化呼吸线位于内源呼吸线之下，说明该有机物对微生物产生了抑制作用，生化呼吸线越接近横坐标，则抑制作用越大［图 4－13（c）］。

由于抑制物（如有毒、有害物质）对微生物的抑制作用不仅与抑制物的浓度有关，还与微生物的浓度有关，因此实验时选用的污泥浓度与曝气池的污泥浓度相同，若用抑制物对微生物进行培养，可以使微生物逐渐适应这种抑制物。

上述是通过测定活性污泥的 OUR 判断污水的可生化性，其实测定污水可生化性的方法还有许多种，主要有测定微生物的耗氧量（瓦勃呼吸仪、BOD_5 测定仪）、测定污水的 BOD_5 与 COD 比值、摇床或模型测定 BOD_5 与 COD 的去除率、ATP 及脱氢酶活性的测定等。本实验采用的方法比较简便、直观、所需设备也较简单，易于掌握。

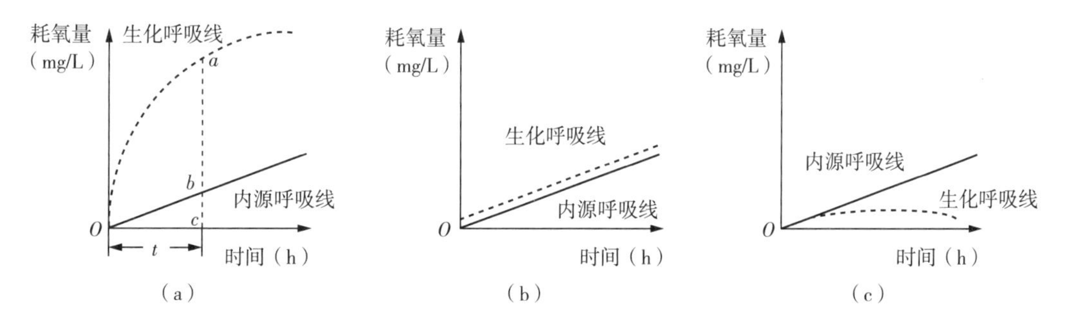

图 4－13　生物呼吸线与内呼吸线的比较

4.12.3　实验设备及仪器

（1）实验装置示意图如图 4－14 所示。

（2）广口瓶。

（3）溶解氧仪。

（4）电磁搅拌器。

（5）葡萄糖。

（6）间甲酚。

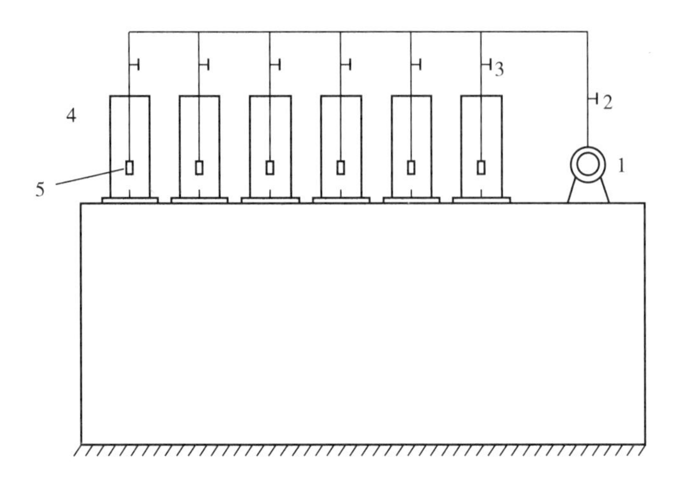

1—曝气泵；2—曝气阀；3—曝气调节阀；4—反应杯；5—曝气头。

图 4-14 工业污水可生化性实验装置示意图

4.12.4 实验步骤

（1）将活性污泥混合液搅拌均匀，在 6 个反应器内分别加入约 500 mL 混合液，再加自来水至约 2 L。

（2）开动充氧泵，曝气 1～2 h，使微生物处于内源呼吸状态。

（3）除 1 号反应器（测内源呼吸速率）外，其他 5 个反应器都停止曝气。

（4）混合液静置沉淀 30 min，用虹吸法去除上层清液，再加自来水至约 2 L。

（5）称量葡萄糖 1 g，加入 100 mL 自来水中，完全溶解后倒入反应器中，模拟 BOD_5 浓度为 250 mg/L 的城市污水。

（6）继续曝气，并按表 4-37 计算和投加间甲酚。

表 4-37 各生化反应器内间甲酚浓度

生化反应器序号	1	2	3	4	5	6
间甲酚投加量（g）	0	0	0.2	0.6	1.2	2.0

（7）混合均匀后用溶氧仪测定反应器内溶解氧浓度，当溶解氧浓度大于 6～7 mg/L 时，立即取样测定需氧速率，以后每隔 30 min 测定一次呼吸速率，3 h 后改为每隔 1 h 测定一次，5～6 h 结束实验。

需氧速率测定方法：用 250 mL 的广口瓶（内放搅拌子）取反应器内混合液 1 整瓶，迅速用装有溶解氧探头的橡皮塞塞紧瓶口（不能有气泡或漏气），将瓶子放在电磁搅拌器上，启动搅拌器，定期测定溶解氧浓度 ρ（0.5～1 min）并做记录。测定10 min。然后绘制 $\rho-t$ 关系曲线，所得直线的斜率即微生物的呼吸速率。

4.12.5 实验数据及结果整理

（1）记录实验设备及操作基本参数：

实验日期：________年________月________日

间甲酚投加量：________ g

温度：________℃

（2）测定的溶解氧值及计算得到的耗氧量记入表 4－38 中。

表 4－38 溶解氧及耗氧量记录表

时间 t（min）	1	2	3	4	5	6	7	8	9
溶解氧测定仪读数（mg·L）									

（3）以溶解氧测定值为纵坐标，以时间 t 为横坐标作图，所得直线斜率即 $\frac{dO}{dt}$ 值 $\left(\text{做5 h，测定可得到 9 个}\frac{dO}{dt}\right)$。

（4）以呼吸速率 $\frac{dO}{dt}$ 为纵坐标，以时间 t 为横坐标作图，得 $\frac{dO}{dt}$ 与 t 的关系曲线。

（5）根据 $\frac{dO}{dt}$ 与 t 的关系曲线，并参照表 4－39 计算氧吸收量累计值 Q_u。表中 $\frac{dO}{dt}\times t$ 和 Q_u 可用下式计算：

$$\frac{dO}{dt}\times t=\left[\left(\frac{dO}{dt}\right)_n+\left(\frac{dO}{dt}\right)_{n-1}\right]\frac{t_n-t_{n-1}}{2} \tag{4-42}$$

$$(Q_u)_n=(Q_u)_{n-1}+\left(\frac{dO}{dt}\times t\right)_n \tag{4-43}$$

其中，$n=2, 3, 4, \cdots$。

表 4－39 氧吸收累计值计算

序号	1	2	3	4	…	$n-1$	n
时间 t（h）							
$\frac{dO}{dt}$ [mg/（L·min）]							
Q_u（mg/L）							

（6）以氧吸收量累计值 Q_u 为纵坐标，以时间 t 为横坐标作图，得出间甲酚对微生物氧吸收过程的影响曲线。

4.12.6 注意事项

应将广口瓶中的活性污泥混合液加满，盖完塞子后瓶中不得留有气泡。为了保证实验结果的精确可靠，必要时可先用一个广口瓶进行必要的演练。

4.12.7 思考题

（1）利用生化呼吸曲线为何能判定某种污水可生化性？
（2）什么是内源呼吸？什么是生物耗氧？
（3）在生化呼吸曲线测定中，哪些因素会影响测定结果？

实验 13 超滤、纳滤、反渗透组合膜分离实验

4.13.1 实验目的

膜分离是一种使用特殊的薄膜，选择性过滤液体中某些成分的方法。溶剂透过膜的过程称为渗透，渗析则是溶质透过膜的过程。常见的膜分离方法包括电渗析、超滤、反渗透、自然渗析和液膜技术等。近些年来，膜分离技术发展得很快，已被广泛应用于水和废水处理、化学工业、医疗、轻工业、生物化学等领域。

膜分离的作用机理通常由膜孔径大小为模型来加以说明。从本质上讲，它是由分离物质之间的相互作用引起的，与膜传质过程的物理和化学条件以及膜与分离物质之间的相互作用有关。

4.13.2 实验原理

1. 超滤膜工作原理

超滤进行分离的原理与反渗透一样，同样是依赖于压力推动。超滤与反渗透的区别：渗透压对超滤的影响比较小，可以在低压下运行，通常为 0.1～0.5 MPa，而反渗透的运行压力是 1～10 MPa，超滤适用于分离诸如淀粉、细菌、树胶、病毒、蛋白质及油漆色料等分子量大于 500 且直径为 0.005～10 μm 的大分子和胶体，在中等浓度时其渗透压很小。

超滤过程实质上是一种筛滤过程，主要的控制因素是膜表面孔隙的大小，溶质是否能被膜表面的孔隙截留，与溶质粒子的形状、柔韧性、大小及操作条件等有关，而跟膜的化学性质无关，故能够使用微孔模型进行超滤传质过程的分析。

微孔模型把膜孔隙视为垂直于膜表面的圆柱体来进行处理，孔隙中的水流可被视为层流，其通量与压力差成正比，与膜的阻力成反比。

$$\text{分离效率}\ \eta=1-\frac{\text{超滤液浓度}}{\text{混合液浓度}}\times 100\% \qquad (4-44)$$

2. 渗透及反渗透工作原理

渗透是自然界中的常见现象，例如，在盐水中放入一根黄瓜，黄瓜会因为丧失水分而变小。黄瓜中的水分子进入盐水中的过程即渗透过程。如图 4-15 所示，若一个池子被一个只有水分子可以穿透的薄膜分成两部分，则将纯水和盐水（溶质＋水）注入隔膜两侧的相同高度，一段时间后，我们会看到纯水的液面下降，而盐水的液面上升。水分子透过该隔膜向盐水中迁移的现象称为渗透现象。盐水的液面并不是无限上升的，达到一定的高度时，将会到达一个平衡点，此时隔膜两侧的液面差所代表的压力称为渗透压。渗透压的大小跟盐水浓度有直接关系。

反渗透是一种膜工艺，其中溶剂（一般是水）只能通过反渗透膜选择性地透过膜而分离，并保留离子性物质，且以膜两侧的静压差作为驱动力，克服溶剂的渗透压，

从而使溶剂通过反渗透膜，实现液体混合物的分离。

反渗透也属于压力驱动型膜分离技术，与 NF，UF，MF，GS 一样。其运行压差通常为 1.5～10.5 MPa，截留组分是 $1\times10^{-10}\sim10\times10^{-10}$ m 小分子溶质。此外，为了分离、纯化等，可以从液体混合物中去除所有悬浮物、溶解物及胶体，如从水溶液中分离出水。目前，已经开发出超低压反渗透膜，可以在低于 1 MPa 压力下进行部分脱盐（溶质），该技术适用于水的软化和选择性分离。

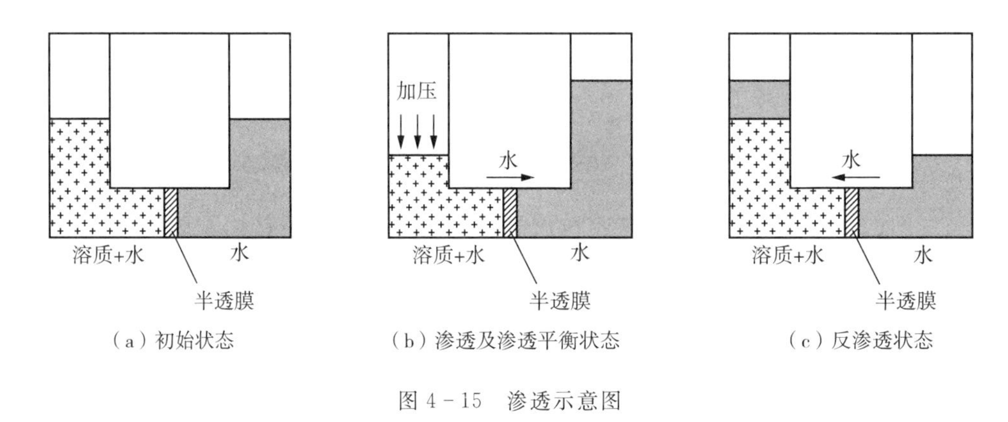

（a）初始状态　（b）渗透及渗透平衡状态　（c）反渗透状态

图 4－15　渗透示意图

反渗透膜的主要参数包括纯水渗透系数和脱盐率（溶质截留率）。

（1）纯水渗透系数 L_P

L_P 是在单位时间、单位面积和单位压力下的纯水渗透量。在一定压力条件下，通过下式可求出给定膜面积的纯水渗透量。

$$J_W=L_P\ (\Delta P-\sigma\Delta\pi) \tag{4-45}$$

$$L_P=\frac{J_W}{\Delta P}\ (\Delta\pi=0) \tag{4-46}$$

其中 J_W 为单位膜面积纯水的渗透速率。

（2）脱盐率（截留率）R

R 表示膜脱除（截留）盐的性能，可定义为下式：

$$R=\left(1-\frac{C_\gamma}{C_b}\right)\times100\%$$

式中：C_γ——被分离的主体溶液浓度；

C_b——膜的透过液浓度。

实验中 C_γ，C_b 可以分别用被分离的主体溶液的电导率和膜的透过液的电导率来代替（但本实验不作考虑）。R 值的大小与工艺运行条件（如温度、溶液浓度、操作压力、pH 值等）有关。

3. 纳滤膜工作原理

纳滤膜技术是介于反渗透膜与超滤膜性能之间的一种膜，纳滤膜截留分子量为 200～400 的有机物，也能脱除粒径为 1 nm（10 埃）的杂质，对溶解性固体有 20%～

98%的脱除率，对含单价阴离子的盐（如 NaCl 或 $CaCl_2$）有 20%～80%的脱除率，而对含二价阴离子的盐（如 $MgSO_4$）脱除率较高，为 90%～98%。纳滤膜技术是当今纳米时代的贡献，也是最先进、最节能、效率最高的膜分离技术。其原理是在高于溶液渗透压的压力下，借助于只允许水分子透过纳滤膜的选择截留作用，盐及小分子物质透过纳滤膜，而截留大分子物质，将溶液中的溶质与溶剂分离，从而达到净化水的目的，又称低压反渗透。

纳滤膜是由具有高度有序矩阵结构的聚酰胺合成纳米纤维素组成的。它的孔径为 0.001 μm（相当于大肠杆菌大小的百分之一，病毒的十分之一）。因为纳滤膜具有很好的分离特性，去除水中的溶解盐、胶体、有机物、细菌和病毒等效果较好，纳滤 NF 膜与反渗透 RO 膜相比，在去除有害物质量相同的情况下，纳滤 NF 膜还可以保留水分子中人体所需生命元素。

4.13.3 实验流程图

超滤膜、反渗透、纳滤膜分离装置示意图如图 4-16 所示。

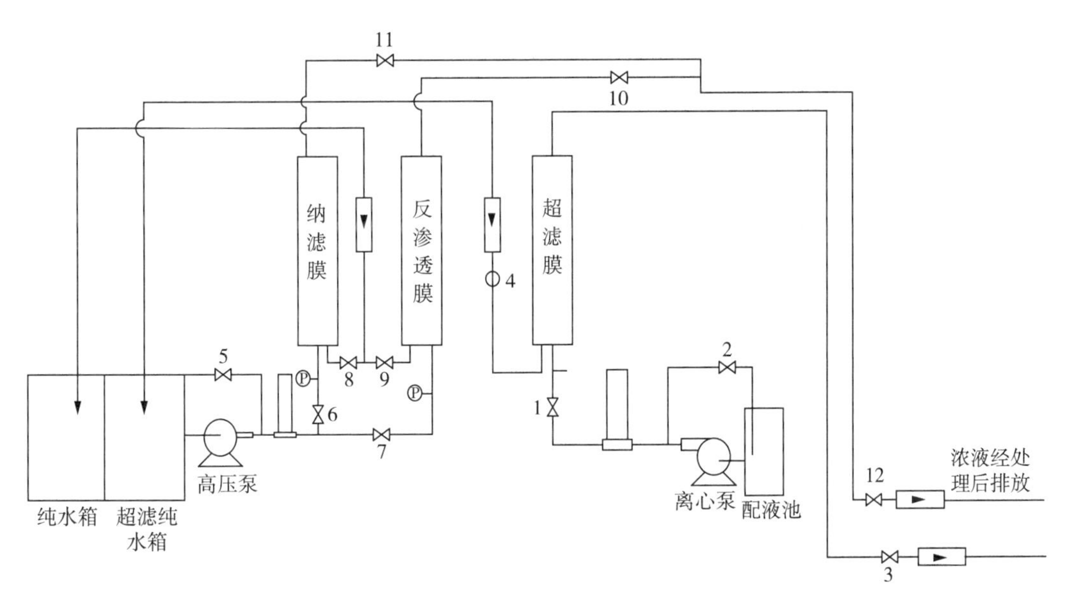

图 4-16 超滤膜、反渗透、纳滤膜分离流程图

4.13.4 验操作步骤

1. 超滤膜实验操作步骤

(1) 先初步了解整个实验的流程，了解各个设备及阀门。然后配制混合液（可以为污水、淀粉悬浮液、皂化液等）。需注意不应配置过浓的混合液，否则会影响膜的使用寿命。

(2) 将电源开关打开，然后再将离心泵开关打开，开始实验。在实验刚开始时，除阀 2 外的其他各阀均关闭，启动泵后一边慢慢关闭阀 2（旁路阀）一边开启阀 1、阀

3，再打开阀 4 调节流量。同时将超滤所用的时间用秒表记录下来，将膜的压力数值、流量的大小及滤液池中的滤液量记录下来。

2. 反渗透实验操作步骤

（1）将电源开关打开，再将高压泵开关打开，待高压泵正常运转后，一边慢慢关闭阀 5（旁路阀），一边开启阀 9 和阀 10。

（2）同时将过滤所用的时间用秒表记录下来，同时记录膜的压力数值、流量的大小。

（3）根据实验需要，通过控制阀 5 开启的程度来控制膜分离实验系统压力以及流量（0.6 MPa 为本设备最高使用压力）。

（4）按实验要求将渗透液、浓缩液分别收集起来，在滤液池和混合液池内分别取样，进行分析。

（5）停止实验时，先开启旁路阀 5，再关闭其他阀，关闭电源开关，结束实验。

3. 纳滤实验操作步骤

（1）将电源开关打开，再将高压泵开关打开，待高压泵正常运转后再打开旁路阀 5，然后边慢慢关闭阀 2（旁路阀）边开启阀 8 和阀 11。

（2）启动泵后再打开流量计上针形阀 10、阀 12 调节流量。同时用秒表记录过滤所用的时间、膜的压力数值及流量的大小。

（3）根据实验需要，通过控制阀 5 开启的程度来控制膜分离实验系统压力以及流量（0.6 MPa 为本设备最高使用压力）。

（4）按实验要求将渗透液、浓缩液分别收集起来，在滤液池和混合液池内分别取样，进行分析。

（5）停止实验时，先开启旁路阀 5，再关闭其他阀，关闭电源开关，结束实验。

4.13.5 注意事项

（1）实验前请务必仔细阅读操作说明和系统流程，要特别注意各种膜组件的正常工作压力。

（2）不使用设备时，要保持系统润湿，防止膜组件干燥，从而影响分离效能。较长时间不用时，可以加入少量防腐剂，如甲醛、H_2O_2 等，密封保存，防止系统被腐蚀。

实验 14 次氯酸钠消毒实验

4.14.1 实验目的

（1）了解氯消毒的基本原理。

（2）掌握折点加氯消毒的实验技术。

（3）通过实验，探讨某含氨氮水样与不同氯量接触一定时间的情况下，水中游离性余氯、化合性余氯、总余氯与投氯量之间的关系。

4.14.2 实验原理

向水中加氯的作用主要有 3 个方面：

（1）原水中不含氨氮时，向水中投加氯能够生成次氯酸和次氯酸根，反应式如下：

$$Cl_2 + H_2O \xlongequal{} HClO + H^+ + Cl^-$$

$$HClO \xlongequal{} H^+ + ClO^-$$

次氯酸和次氯酸根均有消毒作用，但前者消毒效果较好。$HOCl^-$ 是中性分子，可以扩散到细菌内部破坏细菌的酶系统，妨碍细菌的新陈代谢，导致细菌死亡。

水中的$HOCl^-$ 和 ClO^- 称为游离性氯。

（2）当水中含有氨氮时，加氯后生成次氯酸和氯胺，反应式如下：

$$Cl_2 + H_2O \xlongequal{} HClO + H^+ + Cl^-$$

$$NH_3 + HClO \xlongequal{} NH_2Cl + H_2O$$

$$NH_2Cl + HClO \xlongequal{} NHCl_2 + H_2O$$

$$NH_2Cl + HClO \xlongequal{} NCl_3 + H_2O$$

次氯酸和氯胺均有消毒作用，次氯酸、一氯胺、二氯胺和三氯胺（又名三氯化氮）在水中均可能存在，它们在平衡状态下的含量比例取决于氨氮的相对浓度、pH 值和温度。

当 pH 为 7～8 时，1 mol 氯与 1 mol 氨作用生成 1 mol 一氯胺，氯与氨氮（以 N 计）的质量比约为 5∶1。

当 pH 为 7～8 时，2 mol 氯与 1 mol 氨作用生成 1 mol 二氯胺，氯与氨氮（以 N 计）的质量比为约为 10∶1。

当 pH 为 7～8 时，氯与氨氮（以 N 计）的质量比为大于 10∶1，将生成三氯胺，并出现游离氯。随着投氯量的不断增加，水中游离氯越来越多。

水中有氯胺时，依靠水解生成次氯酸起消毒作用。当水中余氯主要是氯胺时，消毒作用比较缓慢，氯胺消毒接触时间不能小于 2 h。

水中的 NH_2Cl，$NHCl_2$，NCl_3 称为化合性氯。化合性氯消毒效果不如游离性氯。

（3）氯还能与水中的含碳物质，铁、锰、硫化氢及藻类发生氧化作用。

水中含有氨氮和其他消耗氯的物质时，投氯量与余氯量的关系可以参见折点加氯曲线，如图 4-17 所示。

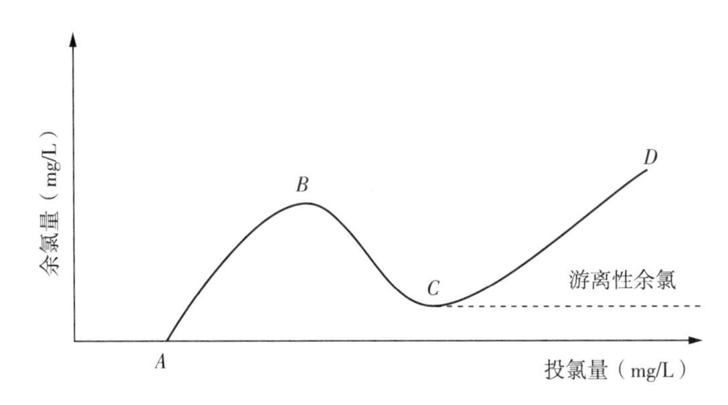

图 4-17　折点加氯曲线

OA 段，投氯量太少，氯完全被消耗，余氯量为 0。

AB 段，余氯主要为一氯胺。*BC* 段随着投氯量的增加，一氯胺与次氯酸作用，部分生成二氯胺，部分发生下面反应：

$$2NH_2Cl + HClO = N_2\uparrow + 3HCl + H_2O$$

反应结果 *BC* 段，一氯胺和余氯均逐渐减少，二氯胺逐渐增加。

C 点，余氯值最少，称为折点。

C 点后出现三氯胺和游离性氯，随着投氯量的增加，游离性余氯越来越多。

按大于折点的量来投加氯称为折点加氯。其有两个优点：一是可以去除水中大多数产生臭味的物质；二是有游离性余氯，消毒效果好。

图 4-17 中曲线的形状与接触时间有关，接触时间越长，氧化程度就越深，化合性余氯则少一些，折点的余氯有可能接近于零。此时折点加氯的余氯几乎全部是游离性余氯。

4.14.3　实验设备及试剂

1. 实验仪器设备

（1）20 L 水桶 1 个。

（2）50 mL 比色管若干。

（3）10 mL 酸式滴定管 1 个。

（4）1000 mL 烧杯 12 个。

（5）250 mL 锥形瓶若干。

（6）温度计 1 支。

（7）5 mL 移液管，1 个。

（8）2 mL 移液管，1 个。

（9）1 mL 移液管，1 个。

（10）50 mL 和 100 mL 胖肚移液管，各 1 个。

（11）洗耳球，2 个。

（12）1000 mL 容量瓶 1 个。

2. 试剂

（1）1%浓度氨氮溶液 100 mL：称取 3.819 g 无水氯化铵（NH_4Cl）溶于不含氨的蒸馏水中稀释至 100 mL，其氨氮含量为 1%，即 10 g/L。

（2）氨氮标准溶液 1000 mL：吸取上述 1%浓度氨氮溶液 1 mL，用蒸馏水稀释至 1000 mL，其氨氮含量为 10 mg/L。

（3）约 1%（以有效氯含量计）浓度次氯酸钠溶液 100 mL。

（4）碘化钾：晶体。

（5）缓冲溶液（pH＝6.5）500 mL：在水中依次溶解 24 g 无水磷酸氢二钠（Na_2HPO_4），或 60.5 g 十二水合磷酸氢二钠（$Na_2HPO_4 \cdot 12H_2O$）和 46 g 磷酸二氢钾（KH_2PO_4）。加入 100 mL 浓度为 8 g/L 的二水合 EDTA 二钠（$C_{10}H_{14}N_2O_8Na_2 \cdot 2H_2O$）（或 0.8 g 固体）。必要时，加入 0.020 g 氯化汞，以防霉菌繁殖及试剂内痕量碘化物对游离氯检验的干扰。稀释至 1000 mL，混匀。

（6）1.1 g/L 的氮，氮-二乙基-1，4-苯二胺硫酸盐（DPD）（$NH_2-C_6H_4-N(C_2H_5)_2 \cdot H_2SO_4$）溶液：将 250 mL 水、2 mL 硫酸（$\rho$＝1.84 g/mL）和 25 mL 的 8 g/L的二水合 EDTA 二钠溶液（或 0.2 g 固体）混合，溶解 1.1 g 无水 DPD 硫酸盐（或 1.5 g 五水合物），或 1 g DPD 草酸盐于此混合液中，稀释至 1000 mL，混匀。试液装在棕色瓶内，于冰箱内保存。一个月后，若溶液变色，应重新配制。

（7）硫酸亚铁铵储备液：$C[(NH_4)_2Fe(SO_4)_2 \cdot 6H_2O]$＝56 mmol/L。

配制：溶解 22 g 六水合硫酸亚铁铵于含有 5 mL 硫酸（ρ＝1.84 g/mL）的水中，移入 100 mL 容量瓶内，加水至标线，混匀。存放在棕色瓶中。按下述步骤标定此溶液，如需大量测定，应每天标定一次。

标定：向 250 mL 锥形瓶中放入 50 mL 储备液、50 mL 水、5 mL 正磷酸（ρ＝1.71 g/mL）和 4 滴二苯胺磺酸钡指示液。用重铬酸钾标准参考溶液滴定到出现深紫色，在加入重铬酸钾浓液后颜色保持不变时为终点。此溶液的浓度以每升含氯（Cl_2）毫摩尔数表示，按下式计算；

$$C_1=\frac{C_2V_2}{2V_1}$$

式中：C_2——重铬酸钾标准参考溶液的浓度（mmol/L）；

V_2——滴定消耗重铬酸钾标准参考溶液的体积（mL）；

V_1——硫酸亚铁铵储备溶液的体积（mL）；

2——2 mol Fe^{2+} 还原 1 mol Cl_2 的化学计量系数。

注：若 V_2 小于 22 mL，应重配新鲜的储备液。

（8）硫酸亚铁铵标准滴定溶液，$C(NH_4)_2Fe(SO_4)_2 \cdot 6H_2O$）＝2.8 mmol/L：取 50 mL 新标定的储备液于 1000 mL 容量瓶内，加水至标线，混匀，存于棕色瓶内。

应每月标定一次，如需大量测定，应每天配制。

以每升含氯（Cl_2）毫摩尔数表示，此溶液的浓度 C_3 按下式计算：

$$C_3 = \frac{C_1}{20}$$

（9）2.5 g/L 的亚坤酸钠（$NaAsO_2$），或 2.5 g/L 的硫代乙酰胺（CH_3CSNH_2）溶液。

（10）次氯酸钠溶液（商品名：安替福民），含 Cl_2 约 0.1 g/L，由浓溶液稀释而成。

（11）二苯胺磺酸钡指示液，3 g/L：溶解 0.3 g 二苯胺磺酸钡［（C_6H_5—NH—C_6H_4—SO_3）$_2$Ba］于 100 mL 水中。

（12）重铬酸钾标准参考溶液，C（1/6 K_2CrO_7）＝100 mmol/L：准确称取（在 105 ℃烘干 2 h 以上）4.904 g 研细的重铬酸钾，溶于水，移入 1000 mL 容量瓶中，加水至标线，混匀。

3. 水样

取自来水 20 L，加入 1％浓度氨氮 2 mL，混匀，即实验用水，其氨氮含量约为 1 mg/L或略高于 1 mg/L。

4.14.4 实验步骤

1. 测量原水水温

将测量的原水水温记入表中。

2. 水样配置

（1）分别取 1000 mL 原水置于 12 个 1000 mL 烧杯中。

（2）投加约 1％浓度的次氯酸钠溶液，投加量分别为 0，0.2 mL，0.5 mL，0.8 mL,1.0 mL，1.4 mL，1.8 mL，2.0 mL，2.2 mL，2.5 mL，3.0 mL，3.5 mL，计算每个烧杯中的加氯量（mg/L）。

（3）用玻璃棒快速搅拌，混匀，静置 2 h。

（4）2 h 后分别用 N，N -二乙基- 1，4 -苯二胺硫酸盐（DPD）滴定法测定水样中的游离氯、化合氯和总余氯的量，测定步骤如下：

① 游离氯的测定：在 250 mL 锥形瓶中迅速依次加入 5.0 mL 缓冲液、5.0 mL DPD 试剂和第一个测定水样，混匀。立即用硫酸亚铁铵标准溶液滴定至无色。记录滴定消耗溶液体积数 A。

② 总氯的测定：在 250 mL 锥形瓶中迅速加入 5.0 mL 缓冲液、5.0 mL DPD 试剂，加入第二个测定水样和约 1 g 碘化钾，混匀。2 min 后，用硫酸亚铁铵标准溶液滴至无色，如在 2 min 内观察到粉红色再现，继续滴定到无色。记录滴定消耗溶液体积数 B。

③ 于烧杯中取 100 mL 水样放入 250 mL 锥形瓶中，加入 1 mL 硫代乙酰胺，加入 10 mL 缓冲溶液、5 mL DPD 溶液，迅速混合，静置 2 min 后，用硫酸亚铁铵溶液滴定至无色，记录硫酸亚铁铵溶液用量 C。

注意：如果 100 mL 水样中含氯量超过测定范围，则应适当稀释水样。

3. 次氯酸钠溶液含氯量的测定

用移液管移取 1.0 mL 约 1%浓度的次氯酸钠溶液于 1000 mL 容量瓶中，加蒸馏水定容至刻度线，盖塞，颠倒摇匀。

准确吸取 50 mL 稀释后的次氯酸钠溶液于 250 mL 三角烧瓶中，加入 50 mL 蒸馏水稀释，加入 1 g 左右的碘化钾固体，加入 10 mL 缓冲溶液、5 mL DPD 溶液，迅速混合，静置 2 min 后，用硫酸亚铁铵溶液滴定至无色，2 min 内如还有红色出现，则再滴定至无色，记录硫酸亚铁铵溶液用量 V'。

$$次氯酸钠溶液含氯量=\frac{C_{硫酸亚铁铵}V'}{V_{待测水样}}\times 70.91\times 2000\ (mg/L)$$

4.14.5 实验数据与整理

（1）把测得的数据记录到表 4－40 中。

表 4－40 实验原始记录表

<table>
<tr><td colspan="2">原水温度</td><td colspan="4">______℃</td><td colspan="3">次氯酸钠含氯量</td><td colspan="5">______ mg/L</td></tr>
<tr><td colspan="2">氨氮含量</td><td colspan="4">______ mg/L</td><td colspan="3">硫酸亚铁铵浓度</td><td colspan="5">______ mmol/L</td></tr>
<tr><td colspan="2">水样编号</td><td>1</td><td>2</td><td>3</td><td>4</td><td>5</td><td>6</td><td>7</td><td>8</td><td>9</td><td>10</td><td>11</td><td>12</td></tr>
<tr><td colspan="2">次氯酸钠溶液投加量（mL）</td><td>0</td><td>0.2</td><td>0.5</td><td>0.8</td><td>1.0</td><td>1.4</td><td>1.8</td><td>2.0</td><td>2.2</td><td>2.5</td><td>3.0</td><td>3.5</td></tr>
<tr><td colspan="2">加氯量（mg/L）</td><td></td><td></td><td></td><td></td><td></td><td></td><td></td><td></td><td></td><td></td><td></td><td></td></tr>
<tr><td rowspan="3">滴定结果（mL）</td><td>A</td><td></td><td></td><td></td><td></td><td></td><td></td><td></td><td></td><td></td><td></td><td></td><td></td></tr>
<tr><td>B</td><td></td><td></td><td></td><td></td><td></td><td></td><td></td><td></td><td></td><td></td><td></td><td></td></tr>
<tr><td>C</td><td></td><td></td><td></td><td></td><td></td><td></td><td></td><td></td><td></td><td></td><td></td><td></td></tr>
<tr><td rowspan="3">余氯量（mg/L）</td><td>总余氯
$D=\frac{C_{硫酸亚铁铵}(B-C)}{V_{待测水样}}\times 70.91$</td><td></td><td></td><td></td><td></td><td></td><td></td><td></td><td></td><td></td><td></td><td></td><td></td></tr>
<tr><td>游离性余氯
$E=\frac{C_{硫酸亚铁铵}(A-C)}{V_{待测水样}}\times 70.91$</td><td></td><td></td><td></td><td></td><td></td><td></td><td></td><td></td><td></td><td></td><td></td><td></td></tr>
<tr><td>化合性余氯
$F=D-E$</td><td></td><td></td><td></td><td></td><td></td><td></td><td></td><td></td><td></td><td></td><td></td><td></td></tr>
</table>

（2）根据余氯的计算结果，绘制游离性余氯、化合性余氯、总余氯与加氯量间的关系，即折点加氯曲线。

（3）讨论采用折点加氯，加氯量应为多少。

4.14.7 思考题

（1）水中含有氨氮时，加氯量与余氯量关系曲线中为什么会出现折点？

（2）试分析加氯点的影响因素。

5 实验仪器设备的使用说明

5.1 激光粒度分析仪的使用

1. 目的和要求

学习和掌握激光粒度分析仪测定颗粒物粒度分布的方法。

2. 原理

激光粒度仪采用全量程米氏散射理论，充分考虑被测颗粒和分散介质的折射率等光学性质，根据大小不同的颗粒在各角度上散射光强度的变化反演出颗粒群的粒度分布数据。

3. 仪器与材料

(1) 激光粒度分析仪 1 台。

(2) 颗粒物样品若干。

(3) 分散介质蒸馏水。

4. 实验步骤

(1) 开机预热 15～20 min。

(2) 打开测量分析软件。

(3) 加分散介质液。

(4) 开启循环泵和搅拌装置，开启测试软件，进入基准测量。

(5) 刷新 10 次基准测定后，按下一步进入动态测试状态。

(6) 关闭循环泵和搅拌，加入待测样品。

(7) 启动超声 1～10 min，启动搅拌、循环装置。

(8) 运行样品分析，测量样品。

(9) 测量完毕，打开排水阀排尽液体，并用清水冲洗循环系统。

(10) 关闭电源，罩好仪器。

5. 数据处理

在动态测试过程中，软件窗口会出现粒度分布表、粒度分布图和标准统计结果，对样品的测试做出分析。

6. 注意事项

在进行测量前要注意以下几点：

(1) 开机预热 15～20 min，如果环境温度偏低，预热时间要长些，最长不超过

30 min。

（2）使用纯净的分散介质、测量基准，观察基准是否正常，如果基准不能达到测量要求，需要清洗样品窗。

（3）根据样品的特性，选择合适的分散介质、分散剂、循环速度、搅拌速度和超声时间等参数。

5.2 BS224S 电子天平的使用

1. 仪器外观图

BS224S 电子天平外观如图 5－1 所示。

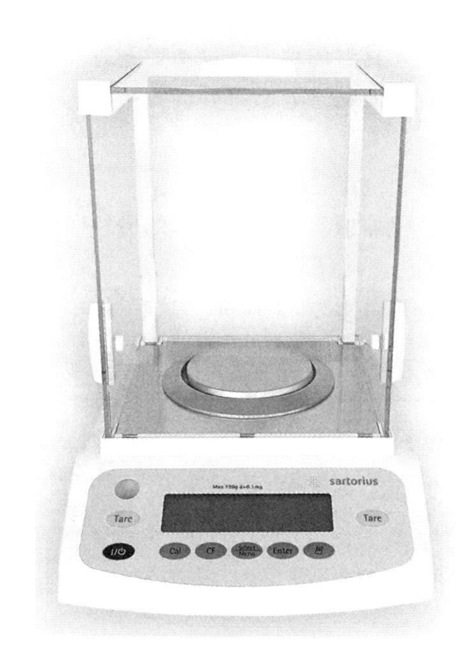

图 5－1 BS224S 电子天平外观

2. 仪器的操作步骤

（1）调水平

调整地脚螺栓高度，使水平仪内空气的气泡位于圆环中央。

（2）开机

接通电源，按开关键，直至全屏自检，当显示器显示零时，自检过程结束，此时，天平准备工作就绪。天平在初次接通电源或长时间断电之后，至少需要预热 30 min。为取得理想的测量结果，天平应保持待机状态。

（3）校正

首次使用电子天平、改变天平工作场所或工作环境（特别是环境温度）时，都要求进行重新调校。调校应在预热过程执行完毕后进行。

当显示器出现零时按下“CAL”键：校正程序被启动，如在启动调校程序时出现错误或故障，则在屏幕上显示“Error”。在这种情况下必须进行重新清零操作，并在屏幕显示零时重新按下“CAL”键。将校正砝码轻轻放到秤盘的中间，电子天平自动执行调校过程。当屏幕显示校正砝码的质量值“g”，且显示数值静止不动时，调校过程结束。

（4）称量

首先使用两个除皮键“Tare”中的任意一个，除皮清零。然后将物品放在秤盘上，当显示器上出现稳定标记的质量单位“g”或其他选定的单位时，读取数据。

（5）关机

天平应一直保持通电状态（24 h），不使用时将开关键关至待机状态，使天平保持保温状态，可延长天平使用寿命。

3. 注意事项

（1）不要将仪器安置在阳光直射的地方，也不要安置在暖气附近，以避免受热。

（2）不要置天平于空气直接流动之处（打开的窗或门）。

（3）称量时避免剧烈振动。

（4）不要将天平长时间置于潮湿之处。

（5）采用保护措施，防止仪器遭受腐蚀性气体的侵蚀。

4. 仪器故障分析

电子天平常见故障及其分析见表 5-1 所列。

表 5-1 电子天平常见故障及其分析

故障现象	故障原因	排除方法
显示器上无任何显示	无工作电压；未接变压器	检查供电线路及仪器；将变压器接好
在调整校正之后，显示器无显示	放置天平的表面不稳定；未达到内校稳定	确保放置天平的场所稳定；防止振动对天平支撑面的影响；关闭防风罩
显示器显示“H”	超载	对天平上称量物进行卸载
显示器显示“L”或“Err54”	未装秤盘或底盘	依据电子天平的结构类型，装上秤盘或底盘
称量结果不断改变	振动太大，天平暴露在无防风措施的环境中；防风罩未完全关闭；在秤盘与天平壳体之间有杂物；吊钩称量开孔封闭盖板被打开；被测物重量不稳定（吸收潮气或蒸发）；被测物带静电荷	通过“电子天平工作菜单”采取相应措施；完全关闭防风罩；清除杂物；关闭吊钩称量开孔
称量结果明显错误	电子天平未经调校；称量之前未清零	对天平进行调校；称量前清零

5.3 可见分光光度计的使用

1. 仪器的工作原理

分光光度计的工作原理主要基于朗伯-比尔定律。如果溶液的浓度一定，则光对物质的吸收程度与它通过的溶液厚度成正比，这就是朗伯（Lambert）定律，其数学表达式为

$$A=\frac{I_0}{I}=K_0 b$$

式中：A——吸光度；

I_0——入射光强度；

I——透射光强度；

b——液层厚度（即光程）；

K_0——比例常数。

比尔（Beer）研究了各种无机盐的水溶液对红光的吸收后指出，对光的吸收与光所遇到的吸光度的数量有关，如果吸光物质处于不吸光的溶剂中，则吸光度和吸光物质的浓度成正比，这就是比尔定律，其数学表达式为

$$A=\lg\frac{I_0}{I}=K_1 C$$

式中：A——吸光度；

I_0——入射光强度；

I——透射光强度；

C——溶液的浓度；

K_1——比例常数。

将朗伯定律和比尔定律结合起来，则为朗伯-比尔定律，公式如下：

$$A=\lg\frac{I_0}{I}=K_2 bC$$

式中：A——吸光度；

I_0——入射光强度；

I——透射光强度；

C——溶液的浓度；

b——液层厚度（即光程）；

K_2——比例常数。

比尔定律表明，当一束平行的单色光通过某一均匀的有色溶液时，溶液的吸光度与溶液的浓度、光程的乘积成正比，这就是朗伯-比尔定律的真正物理意义。它是光度分析中定量分析的最基础、最根本的依据，也是紫外可见分光光度计的基本原理。

2. 仪器的操作步骤

（1）仪器使用前的注意事项

① 确认仪器的使用环境是否符合仪器要求。

② 仪器在连接电源时，应检查电源电压是否正常，接地线是否可靠，在得到确认后方可接通电源使用。

③ 在开机前，需确认仪器样品室内是否有物品挡在光路上，样品架是否定位好。（一般在移动过样品架后需要注意）

（2）仪器的预热

① 接通电源后，最好预热半个小时后使用，这样确保读出的数据更可靠。

② 若是刚开机的仪器，预热半个小时后，在 T 或 A 状态下观察仪器是否稳定，若稳定可正常使用。一般在 T（A）状态下出现 99.9（0.001），100.0（0.000）100.1（−0.001）来回跳动或最后在很小幅度的数字上下连续跳动，属于正常现象，此款仪器显示的是真值，灵敏度相对较高。

③ 若仪器长期未用，预热时间应相对长一些，同时在使用前，也要观察其稳定性，同上述的新仪器一样。

④ 使用仪器前应对所用的比色皿进行配对处理，因为它能直接影响测试结果。同时比色皿的透光表面不能有指印或未洗净的残留痕迹。

⑤ 注意待测溶液的浓度是否在仪器的测量范围内，建议将溶液配制成吸光度在 0.09A～0.9A 范围内，因为这样测得的数据更准确。

3. 吸光度（A）的测定方法

（1）将仪器电源线的一端插入电源插座，另一端接上仪器的插空。

（2）打开仪器的开关。

（3）仪器预热 30 min（一般情况下 15 min 即可，若已开机数分钟，则无须预热，可直接测试）。

（4）按 MODE 键，切换至 A 状态。

（5）旋转波长旋钮设置波长，根据分析的要求，每当波长改变时，必须重新校 0%T。

（6）配好溶液，将参比液、待测液分别倒入已经配对好的比色皿中。

（7）打开样品室盖，将装有参比液、待测液的比色皿分别放进比色槽中。建议将装有参比液的比色皿放入第一个槽中，盖上样品室盖。

（8）将参比溶液拉（推）入光路中，按“0Abs”键，直至显示 0.000。

（9）将被测样品依次拉（推）入光路中，以便可从显示器上分别得到被测样品的吸光度。

4. 注意事项

每种标准片的标准值不尽相同，会有些偏差，但是没有经过专业机构检验过的氧化钬玻璃和镨钕滤光片只能测出仪器准确度的大概值，而不能用来校准仪器或用来评定仪器的准确度。

若用标准片发现仪器的波长有偏差，我们可以按下列方法进行校正。

（1）打开仪器的罩壳。

（2）松开波长刻度盘上的固定螺钉。

（3）转动刻度盘，使刻度指示与特征吸收峰的波长值之间的误差在允许的范围内。

（4）旋紧固定螺钉，装上外壳，再用标准片进行检测，若还有偏差，重复以上步骤，直至波长偏差在合理的范围内。

5. 仪器故障维修

可见分光光度计常见故障及其分析见表 5-2 所列。

表 5-2 可见分光光度计常见故障及其分析

故障现象	故障原因	排除方法
开启电源开关，仪器无反应	电源未接通；电源熔丝断；仪器电源开关接触不良	检查供电电源；更换熔丝；更换仪器电源开关；专业人员维修或指导
显示不稳定	仪器预热时间不够；环境有振动，光源附近气流较大或外界强光照射；电源电压不良，仪器接地不好；样品浓度超出测量范围；有物质挡住正常光通过	保证开机预热半小时；改善工作环境；检查电源电压，改善接地状态；专业人员维修或指导
调不到 0%T	接受系统故障；没有放校具（黑体）；状态不对（不在 T 状态下）	维修接受系统；改善方法；专业人员维修或指导
调不到 100%T 或 0.000A	钨卤素灯不亮；光路不准；接受系统故障；参比溶液不正确或浓度过高；比色皿方向没放正确	检查灯源电路；调整光路；修理接受系统；改善方法；专业人员维修或指导
浓度计算失准	显示板部分功能失灵；数据输入后没有按确认键	维修理或更换显示板；注意操作步骤；专业人员维修或指导

5.4 PHSJ-4A 型 pH 计的使用

1. 仪器结构

PHSJ-4A 型 pH 计结构示意图如图 5-2 所示。

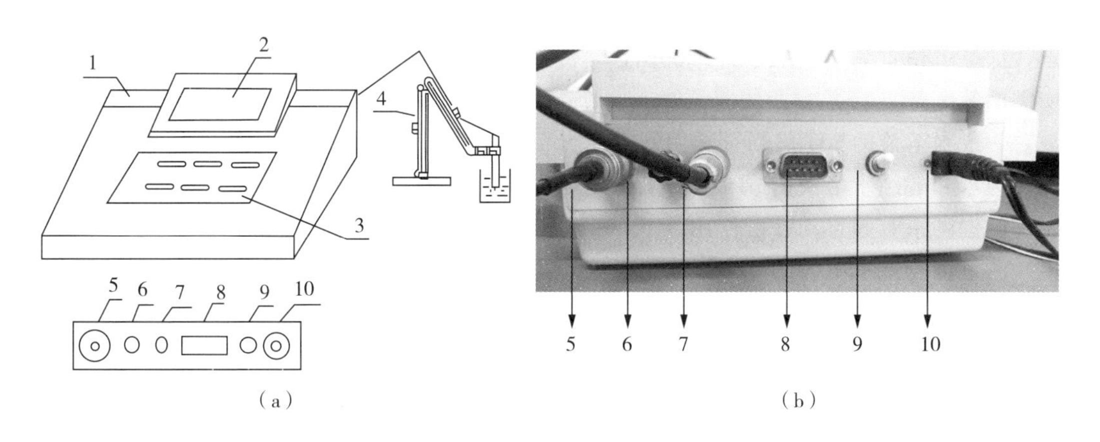

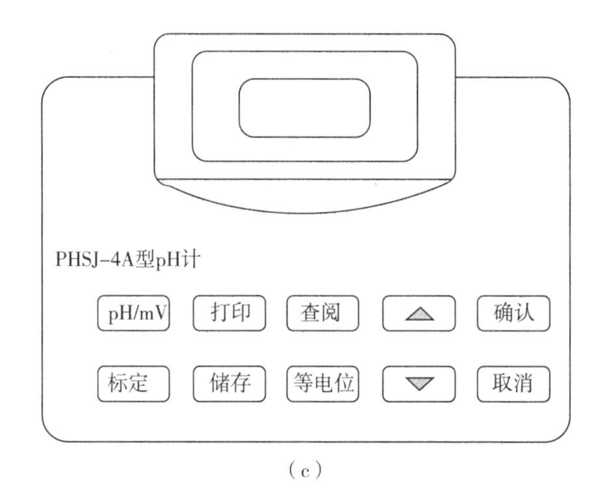

（c）

图 5－2　PHSJ－4A 型 pH 计结构

仪器共有 10 个操作键，分别为：pH/mV、标定、打印、储存、查阅、等电位、▲、▼、确认和取消。

（1）标定、打印、储存、查阅和等电位键：仪器处于 pH 或 mV 测量工作状态时，按下某一键，仪器即进入相应的功能。

（2）▲、▼键：用于调节参数，在 pH 测量状态下，如果仪器不接温度电极，按▲、▼键可手动设置溶液温度值。

（3）确认键：用于确认仪器进入某一功能。

（4）取消键：用于取消当前正在进行的设置，回到测量状态。

（5）查阅键：除可以查阅存储数据外，还可以设置时间。

（6）仪器在开机前会自动识别温度电极是否接入，如果在开机后再接入温度电极，仪器将视作没有接入，须重新开机。

2. 仪器的操作步骤

（1）开机

打开仪器后面的电源开关，仪器自动进入 pH 值测量工作状态。

（2）等电位

按下“等电位”键，仪器即进入“等电位”选择工作状态。仪器设有 3 个等电位点，即等电位点 7.000pH、12.000pH、17.000pH。用户可通过“▲”或“▼”键选用所需的等电位点。

一般水溶液的 pH 值测量选用等电位点 7.000pH。

纯水和超纯水溶液的 pH 值测量选用等电位点 12.000pH。在此状态下，仪器对该温度的温度系数起自动补偿作用。

测量含有氨水溶液的 pH 值选用等电位点 17.000pH。在此状态下，仪器对该温度的温度系数起自动补偿作用。

（3）电极标定

① 一点标定：一点标定是只采用一种 pH 标准缓冲溶液对电极系统进行标定，用

于自动校准仪器的定位值。仪器把 pH 复合电极的百分理论斜率作为 100%，在测量精度要求不高的情况下，可采用此方法，简化操作。操作步骤如下：

a. 将 pH 复合电极和温度传感器分别插入仪器的测量电极插空和温度传感器插空内，并将该电极用蒸馏水清洗干净，放入 pH 标准缓冲溶液中（在规定的 3 种 pH 标准缓冲溶液中选择一种或被测溶液 pH 值接近的 pH 标准缓冲溶液）进行标定。

b. 打开电源，仪器处于 pH 测量状态，按“标定”键，仪器即进入“标定”工作状态，此时，仪器显示“一点标定”或“二点标定”，按“▲”或“▼”选择“一点标定”后按“确认”键。

c. 将电极放入 pH 标准缓冲溶液中，待显示屏上的读数趋于稳定后按“确认”键，仪器自动判断标准缓冲溶液并提示，如果与所用的缓冲溶液一致，则按“确认”键；如果与所用的缓冲溶液不一致，则可按“▲”或“▼”键，然后按“确认”键，标定结束。

② 二点标定：二点标定是为了提高 pH 值的测量精度。其含义是选用两种 pH 标准缓冲溶液对电极系统进行标定，测得 pH 复合电极的实际百分理论斜率和零位值。操作步骤如下：

a. 按“标定”键，仪器即进入“标定”工作状态，此时，仪器显示“一点标定”或“二点标定”，选择“二点标定”后按“确认”键。

b. 将电极放入三种 pH 标准缓冲溶液中的任意一种（一般取 pH=4.00），待显示屏上的读数趋于稳定后按“确认”键，仪器自动判断标准缓冲溶液并提示，如果与所用的缓冲溶液一致，则按“确认”键；如果与所用的缓冲溶液不一致，则可按“▲”或“▼”键选择，然后按“确认”键，仪器自动进入第二点标定，将电极清洗干净后放入第二种缓冲溶液（一般取 pH=9.18），待显示屏上的读数趋于稳定后按“确认”键，仪器自动判断标准缓冲溶液并提示，如果与所用的缓冲溶液一致，则按“确认”键；如果与所用的缓冲溶液不一致，则可按“▲”或“▼”键选择，然后按“确认”键。仪器标定结束自动进入测量状态。

（4）pH 值测量

仪器标定后即可进行 pH 值测量。

（5）温度测量

仪器接入温度传感器，则仪器自动测量温度值；若仪器不接入温度传感器，则通过“▲”或“▼”键设置温度值（仪器会根据开机前电极是否接入做出自动判断，开机后接入温度电极或拔去温度电极均视作无效）。仪器如果用手动设置温度，则在标定结束后须重新设置温度。

（6）电极电位（mV）值测量

按“pH/mV”键，仪器即进入 mV 测量工作状态，此时仪器显示当前的电极电位（mV）值和温度值。

① 将离子选择电极（或金属电极）和甘汞电极夹在电极架上。

② 用蒸馏水表洗电极头部，用被测溶液清洁一次。

③ 把离子电极插头插入后面板的测量电极插座中。

④ 把参比电极插头插入后面板的参比电极插座中。

⑤ 把两种电极插在被测溶液内，将溶液搅拌均匀后，即可在显示屏上读出离子选择电极的电位（mV 值），还可自动显示电位极性。

3. 注意事项

（1）仪器的输入端（测量电极的插座）必须保持干燥清洁。仪器不用时，将短路插头插入插座，防止灰尘及水汽浸入。在环境湿度较高的场所使用时，应用干净纱布将电极插头擦干。

（2）电极避免长期浸在蒸馏水、蛋白质溶液和酸性氟化物溶液中；避免与有机硅油接触；电极经长期使用后，如发现斜率略有降低，则可把电极下端浸泡在 4% HF（氢氟酸）中 3～5 s，用蒸馏水洗净，然后在 0.1 mol/L 盐酸溶液中浸泡，使之复新。（注：氢氟酸有剧毒！操作应在通风橱中进行）

4. 维修

（1）开机前，须检查电源是否接妥，电极的连接须可靠，防止腐蚀性气体侵袭。

（2）接通电源后，若显示屏不亮，应检查电源器是否有电压输出。

（3）若仪器显示的 pH 值不正常，应检查复合电极插口是否接触良好，电极内溶液是否充满，若仍不能正常工作，则应更换电极。

（4）电极在测量前必须用已知 pH 值的标准缓冲溶液进行定位校准。

（5）取下电极套后，应避免电极的敏感玻璃泡与硬物接触，因为任何破损或擦毛都会使电极失效。

（6）测量后，将电极上端加液孔盖紧，并将电极浸泡在氯化钾饱和溶液中，切忌浸泡在蒸馏水中。

（7）复合电极的外参比补充液为 3 mol/L 氯化钾溶液，补充液可以从电极上端小孔加入，复合电极不使用时，拉上橡皮套，防止补充液干涸。

（8）电极的引出端必须保持清洁干燥，绝对防止输出两端短路，否则将导致测量失准或失效。

（9）电极应与输入阻抗较高的 pH 计（$\geqslant 10^{12}\ \Omega$）配套，以使其保持良好的特性。

（10）电极应避免长期浸在蒸馏水、蛋白质溶液和酸性氟化物溶液中。

（11）电极避免与有机硅油接触。

（12）若被测溶液中含有易污染敏感球泡或堵塞液接界的物质而使电极钝化，会出现斜率降低，显示读数不准等现象。若发生该现象，则应根据污染物质的性质，用适当溶液清洗，使电极复新。

5.5 便携式溶解氧分析仪的使用

1. 仪器及功能键说明

便携式溶解氧分析仪如图 5-3 所示，其功能键说明见表 5-3 所列。

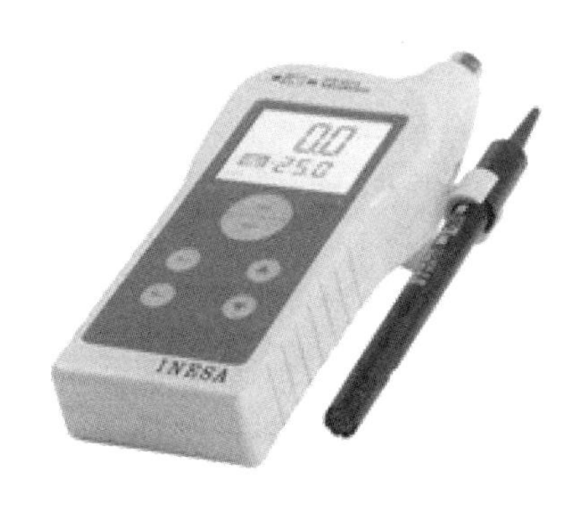

图 5－3　便携式溶解氧分析仪

表 5－3　便携式溶解氧分析仪功能键说明

按键	短按	长按
开/关机或退出	开机；退回到测量画面	关机
校准	开始校准	校准数据回显
读数/自动终点	开始测量或结束测量；确认设置，存储输入的数据	打开或关闭自动终点
储存/回显	存储；设置过程中增加数值；数据库中向上翻看数据	回显存储数据
模式/设置	在%，mg/L 和 ppm 间切换；设置过程中减少数值；数据库中向下翻看数据	进入设置状态；当回显存储数据时，长按模式/设置键 3 秒，测试参数交替显示
读数	—	仪表自检

2. 校准

FiveGoTM 溶氧仪允许用户进行一点或两点校准。第一点校准须在空气中进行；第二点校准（可选）必须在零氧溶液中进行。

（1）一点校准

开始校准前，确保输入正确的大气压（参见输入大气压数值）。

各地大气压不同，错误的大气压会导致错误的校准数据，务必确保输入正确的大气压数值。

① 旋下电极测量端的保护瓶，用去离子水清洗电极，并用纸巾吸干电极膜上的水滴。

② 将电极置于空气中。

③ 按下“校准”键。

a. 校准和测量图标出现在显示屏上。

b. 在信号稳定后仪表根据预选终点方式自动终点（或按下“读数”键手动终点）。

c. 显示相应的数值。

d. 测量图标从屏幕上消失。

④ 按下“读数”键完成校准，零点数值和斜率显示 3 秒后消失。

⑤ 按下“退出”键放弃校准结果。

⑥ 继续进行第二点校准。(参见两点校准)

注意：一点校准，理论值 100%将出现。

(2) 两点校准

① 参见“一点校准”中步骤①～③进行一点校准。

② 将电极置于零氧溶液中（进行零氧溶液的制备)。

③ 经按下“校准”键。

a. 校准和测量图标出现。

b. 在信号稳定后仪表根据预选终点方式自动终点（或按下“读数”键手动终点)。

c. 显示相应的校准数值，测量图标从屏幕上消失。

d. 零点数值和斜率显示 3 s 后消失，校准数据保存在仪表中。

④ 制备零氧溶液。

将零氧标准剂溶解在 40 mL 去离子水中，并且搅拌 5 min。

(3) 样品测量

溶解氧读数单位可以是 100%，mg/L 或 ppm。可在测量过程中或测量结束时按下“模式设置”键进行单位的切换。

为了获得稳定的读数，需要搅拌样品溶液；确保敏感膜表面最小的水流速度为5 cm/s。

① 将电极置于样品溶液中。

② 按下“读数”键开始测量。

小数点闪烁，屏幕显示样品溶液的溶氧数值。

③ 长按“读数”键仪表在自动和手动终点之间切换。

④ 在手动终点模式下，按下“读数”键手动终止测量。

(4) 温度测量

① 自动温度补偿（ATC)。

为了提高精度，建议使用温度探头或带有内置温度探头的电极，当使用温度探头时，屏幕将显示 ATC 图标和样品温度。

注意：本仪表仅使用 NTC30kΩ 温度探头。

② 手动温度补偿（MTC)。

当仪表为检测到温度探头时，它将自动切换为手动温度补偿模式，并显示 MTC。

a. 要设定 MTC 温度，长按“模式设置”键直至设置图标出现。

b. 按下“读数”键 3 次，直至温度数值出现。

c. 按下“▲”或“▼”键调整温度数值。

d. 按下“读数”键确认设置。或者按下“退出”回到测量画面。（出厂设置是 25 ℃)

5.6 浊度计的使用

1. 仪器原理

水的浊度属于一种光学特征，入射光不能完全投射，而是有一部分发生散射和被吸收。光的散射主要由悬浮颗粒引起的。浊度越高则散射光量越大。在光发射方向 90°的位置放置传感器，它能检测出待测样品中的光量粒子。经微处理器可转换为浊度读数。

光路图如图 5-4 所示。

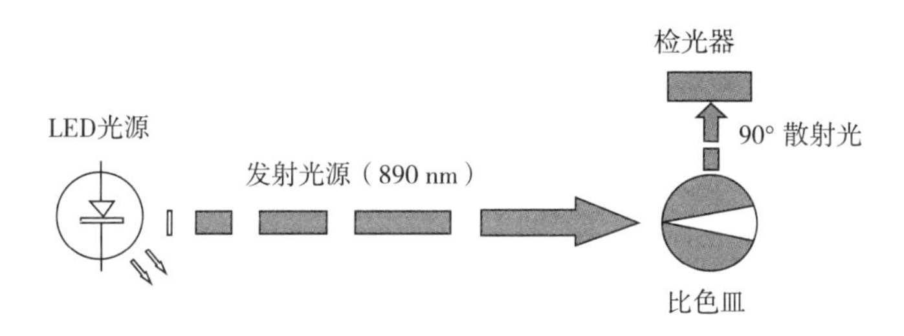

图 5-4 光路图

HI93703-11 浊度测量单位为 FTU，其浊度单位转换表见表 5-4 所列。

表 5-4 浊度单位转换表

浊度单位	JTU	FTU/NTU	SiO_2 (mg/L)
JTU	1	1.9	2.5
FTU/NTU	0.053	1	0.13
SiO_2 (mg/L)	0.4	7.5	1

2. 功能键说明

浊度计功能键分布如图 5-5 所示。

浊度计功能键具体说明如下。

① 将玻璃比色皿插入测量样品进行测量或校正。

② 大屏幕 LCD 液晶显示屏。

③ ON/OFF/CLR：开/关键，清除/存储键。

④ GLP/CAL 键：显示上次校准日期和时间进入校准模式（0FTU/10FTU5500 FTU）。

⑤ STO/VIEW 键：读数后，存储样品值查看存储内存。

⑥ REA/DDATE 键：执行测量显示当前的日期和时间。

⑦ ALT 键：激活 ALT 功能。

⑧ 5 针 RS232 接口。

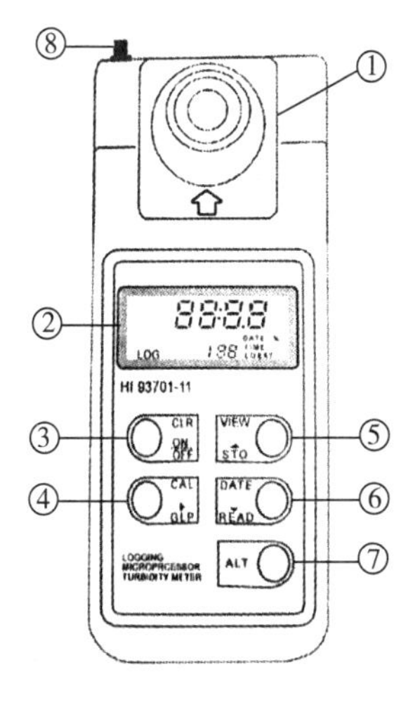

图 5-5 浊度计功能键分布

3. 操作过程

在进行测量前要准备好仪器，首先安装电池，然后打开仪器。

（1）按 ON/OFF/CLR 键，将仪器打开。

（2）仪器将进行一系列功能的自检，显示自检代码，再显示剩余电量的百分比。

（3）当 LCD 显示“——”，表明仪器已准备好进行测量。

（4）将完全搅动均匀的样品倒入干净的玻璃比色皿内，距瓶口 0.5 cm。

（5）在盖紧黑色保护盖前允许有足够的时间让气泡逸出。（注：不能将盖拧得过紧）

（6）在比色皿插入测量池之前，先用无绒布将其擦干净，必须保持比色皿无指纹、油脂、脏物，特别是光通过的区域（大约距比色皿底部 2 cm 处）。

（7）将比色皿放入测量池，检查盖上的凹口是否与槽吻合，黑色保护盖上的标志应与 LCD 上的箭头相对。

（8）按 READ/DATE 键，LCD 显示“SIP”（正在测样过程中）并闪烁，大约 20 s 后浊度值就会显示出来。

4. 注意事项

（1）尽管 HI03703－11 可覆盖很宽的浊度值，若要非常精确地测量超过 40FTU（1FTU＝1NTU）的样品，标准方法要求稀释。如果样品超过 1000FTU，显示闪烁的“1000”，表明超出测量范围。

（2）为延长仪器电池使用寿命，停止使用后仪器将在 5 min 后自动关闭，若要激活显示屏，简单按一下开关键即可。

（3）每次开机时都要进行实时时钟和内存检测。如发现错误，就会显示相应点的错误代码。

CRP：没有盖紧错误（检查比色皿的位置）；ERR1：校准错误（检查校准液的标准值）；ERR2：实时时钟错误；ERR3：EEPROM（内存错误）；ERR4：错误串口通信错误；ERR5：内部 Bug 错误。

5.7 混凝沉淀实验装置

1. 混凝沉淀实验装置示意图

混凝沉淀实验装置示意图如图 5－6 所示。

2. 程控混凝搅拌软件操作流程

（1）打开总开关，进入程控界面。

按键选择如下：

1—运行；

2—编程；

3—程序查阅；

4—输入水样体积；
5—清除所有程序。

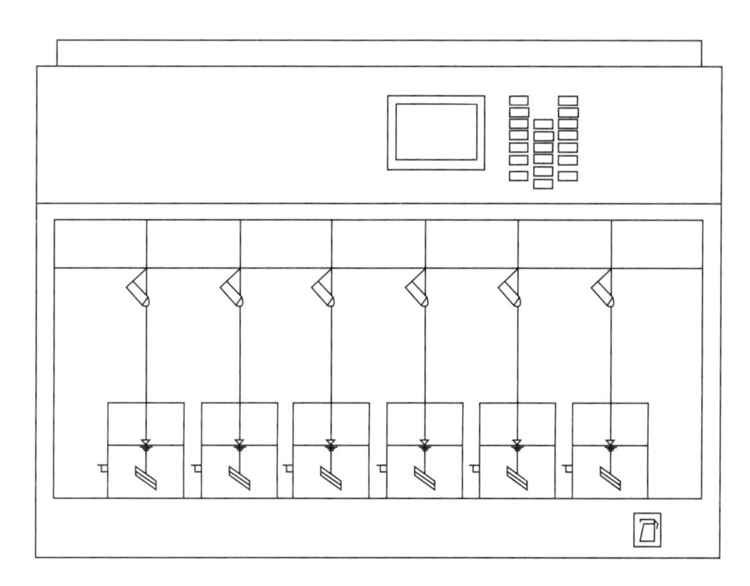

图 5-6 混凝沉淀实验装置示意图

(2) 选择按键“2”，进入编程界面。
编程代号说明见表 5-5 所列。

表 5-5 编程代号说明

程序号：01			Enter——编程结束	
段号	分	秒	转速	加药
01	00	30	0050	0
02				
03				
04				
05				
06				
07				
08				
09				
10				

注：在编程的过程中，分、秒为两位，转速为四位。如，5 分钟 6 秒，应编为 05，06；转速 300，应编为 0300。不加药为 0，加药为 1。

(3) 按“Enter”键，根据提示进行操作。
按键选择如下：

1—存储，返回；
2—存储，继续编程；
3—存储，同步运行；
4—不存储，重新编程；
5—不存储，返回。
(4) 按上述步骤，选择“1”进入总界面，再选择“1”，运行。
按键选择如下：
1—运行；
2—编程；
3—程序查阅；
4—输入水样体积；
5—清除所有程序。
(5) 输入程序号，输入界面如图5-7所示。

同步运行

请输入程序号：1

Enter—运行 ↓—重新输

图5-7 程序号输入界面

(6) 放下搅拌架，开始实验，实验过程中，界面如图5-8所示。

程序号：01

共01段 第01段

00分25秒 50.转/分

G值 温度：5.9℃

GT值

↓—重新开始

图5-8 显示界面

待搅拌结束，静置5 min后，取上清液测其浊度。

参考文献

[1] 刘珍．化验员读本：化学分析（上、下册）[M]．北京：化学工业出版社，1981.
[2] 刘珍．化验员读本：仪器分析（上、下册）[M]．北京：化学工业出版社，1981.
[3] 夏玉宇．化验员实用手册 [M]．北京：化学工业出版社，1999.
[4] 李云雁，胡传荣．实验设计与数据处理 [M]．3 版．北京：化学工业出版社，2017.
[5] 邱铁兵．实验设计与数据处理 [M]．合肥：中国科技大学出版社，2008.
[6] 贾俊平．统计学 [M]．北京：清华大学出版社，2004.
[7] 中华人民共和国国家质量监督检验检疫总局，中国国家标准化管理委员会．数据的统计处理和解释　正态样本离群值的判断和处理：GB/T 4883—2008 [S]．北京：中国标准出版社，2009.
[8] 中华人民共和国国家质量监督检验检疫总局，中国国家标准化管理委员会，数值修约规则与极限数值的表示和判定：GB/T 8170—2008 [S]．北京：中国标准出版社，2009.
[9] 高廷耀，顾国维，周琪．水污染控制工程 [M]．3 版．北京：高等教育出版社，2007.
[10] 吴俊奇，李燕城，马龙友．水处理实验设计与技术 [M]．4 版．北京：中国建筑工业出版社，2015.
[11] 韩照祥．环境工程实验技术 [M]．南京：南京大学出版社，2006.
[12] 马伟文，宋小飞．给排水科学与工程实验技术 [M]．广州：华南理工大学出版社，2015.
[13] 严煦世，范瑾初．给水工程 [M]．4 版．北京：中国建筑工程出版社，1999.
[14] 张自杰．排水工程 [M]．北京：中国建筑工程出版社，2015.
[15] 国家环境保护总局《水和废水监测分析方法》编委会．水和废水监测分析方法 [M]．4 版．北京：中国环境科学出版社，2002.
[16] 肖明耀．实验误差估计与数据处理 [M]．北京：科学出版社，1980.
[17] 孟尔熹，曹尔第．实验误差与数据处理 [M]．上海：上海科学技术出版社，1988.
[18] 诺维茨基．实验室光学仪器 [M]．北京：计量出版社，1986.
[19] 孙丕均．实验室法定计量单位实用手册 [M]．北京：中国标准出版社，1992.
[20] 戚洪彬，姜浩．实验化学 [M]．北京：化学工业出版社，2020.
[21] 朱永生．实验数据分析（上册）[M]．北京：科学出版社，2012.

[22] 朱永生．实验数据分析（下册）[M]．北京：科学出版社，2012.
[23] 胡洪超，蒋旭红，舒绪刚．实验室安全教程 [M]．北京：化学工业出版社，2019.
[24] 孙培勤，孙绍晖．实验设计数据处理与计算机模拟 [M]．北京：中国石化出版社，2018.
[25] 顾华，翁景清．实验室意外事件应急处置手册 [M]．北京：人民卫生出版社，2016.
[26] 卡格尔，罗斯．实验经济学手册 [M]．贾拥民，陈叶烽，译．北京：中国人民大学出版社，2016.
[27] 杨灿明，熊胜绪，杨丽萍．实验教学与创新型人才培养 [M]．武汉：湖北人民出版社，2011.
[28] 刘智敏．实验室认可中的不确定度和统计分析 [M]．北京：中国标准出版社，2007.
[29] 毛红艳．化学实验员简明手册·实验室基础篇 [M]．北京：中国纺织出版社，2007.
[30] 付海明，张吉光．实验技术 [M]．北京：中国建筑工业出版社，2007.
[31] 李云巧．实验室溶液制备手册 [M]．北京：化学工业出版社，2006.
[32] 邬瑞斌．仪器分析实验 [M]．南京：东南大学出版社，2004.
[33] 陈德昌．实验室实用化学试剂手册 [M]．济南：山东科学技术出版社，1987.
[34] 张晟，陈玉成．环境实验优化设计与数据分析 [M]．北京：化学工业出版社，2008.
[35] 赵广超．环境学实验 [M]．芜湖：安徽师范大学出版社，2016.
[36] 董德明，朱利中．环境化学实验 [M]．2 版．北京：高等教育出版社，2009.
[37] 黄忠臣．水环境工程实验 [M]．北京：中国水利水电出版社，2014.
[38] 施召才．环境通识实验 [M]．广州：华南理工大学出版社，2017.
[39] 吴翠琴，孙慧，邓红梅．环境综合化学实验教程 [M]．北京：北京理工大学出版社，2019.
[40] 李艳红，宋宗强，曾鸿鹄，等．水污染控制特色实验项目汇编 [M]．北京：中国环境科学出版社，2012.
[41] 张可方．水处理实验技术 [M]．广州：暨南大学出版社，2003.
[42] 李燕城，吴俊奇．水处理实验技术 [M]．2 版．北京：中国建筑工业出版社，2004.
[43] 陈魁．实验设计与分析 [M]．北京：清华大学出版社，2005.
[44] 陈泽堂．水污染控制工程实验 [M]．北京：化学工业出版社，2003.
[45] 李元．环境科学实验教程 [M]．北京：中国环境科学出版社，2007.
[46] 潘大伟，金文杰．环境工程实验 [M]．北京：冶金工业出版社，2014.
[47] 米克斯．色谱及有关方法的实验室手册 [M]．杨文澜，马延林，王文高，等，译．北京：机械工业出版社，1986.

[48] 朱平华．化工原理实验［M］．南京：南京大学出版社，2018.
[49] 郭明，吴荣晖，李铭慧，等．仪器分析实验［M］．北京：化学工业出版社，2019.
[50] 马涛，曹英楠．环境科学与工程综合实验［M］．北京：中国轻工业出版社，2017.
[51] 余传波，朱学军．化工原理实验［M］．北京：北京理工大学出版社，2017.
[52] 魏学锋，汤红妍，牛青山．环境科学与工程实验［M］．北京：化学工业出版社，2018.